Jaap Huibers

KRÄUTER FÜR NIEREN, HAUT UND AUGEN

Mit Illustrationen
von Gerry Daamen

AURUM VERLAG
FREIBURG IM BREISGAU

Der Titel der bei Uitgeverij Ankh-Hermes bv, Deventer,
erschienenen holländischen Originalausgabe lautet:
KRUIDEN VOOR NIEREN, HUID EN OGEN
de organen die met onze gevoelens in relatie staan.
Die deutsche Übersetzung besorgte ruth-elisabeth.

1979
ISBN 3 591 08112 4
© 1978 Uitgeverij Ankh-Hermes bv, Deventer.
© der deutschen Ausgabe 1979
by Aurum Verlag GmbH & Co KG,
Freiburg im Breisgau.
Alle Rechte vorbehalten.
Gesamtherstellung:
Landsberger Verlagsanstalt Martin Neumeyer.
Printed in Germany.

Inhalt

Einleitung 5

1. Seelenkummer wird in unserem Körper von Nieren, Haut und Augen bewältigt . . . 11

2. Sympathie als Heilmittel 21

3. Wie kann man Kräuter verwenden? . . . 26

4. Einige Kräuter für Nieren, Haut und Augen . 32
   - Goldrute 32
   - Dorniger Hauhechel 35
   - Brennessel 38
   - Kamille 42
   - Sellerie und Petersilie 45
   - Augentrost 48
   - Arnika 51
   - Kolben-Bärlapp 53
   - Schlehdorn 56
   - Färberröte 58
   - (Winter-)Lindenblüten 60
   - Melisse 63

5. Einige Möglichkeiten aus dem Bereich der Homöopathie 66

6. Unsere tägliche Nahrung als Arznei . . . 74

7. Kleines Vademecum und Schlußbetrachtung . 79

Einleitung

Beim Lesen des Titels werden Sie sich vielleicht gefragt haben, wie man denn mit den Nieren oder den Augen etwas „fühlen" soll. Bei der Haut ist das etwas anderes; damit berühren wir ja die Dinge. Mittels unserer Haut fühlen wir, ob etwas warm oder kalt, scharf oder stumpf ist — aber mit den Nieren oder Augen? Nein, das leuchtet uns nicht ohne weiteres ein.
Um solche Überlegungen gar nicht erst aufkommen zu lassen, wollen wir gleich einmal festhalten, daß es in diesem Büchlein nicht um das Fühlen im Sinne von Tasten geht, sondern um unsere Gefühle, um Emotionen. Jeder Mensch hat seine eigenen Gefühle, die sich auf Dinge, Tiere oder Personen beziehen können. Der eine weint eher als der andere. Man spricht von „Gefühlsmenschen", und man kennt auch jenen verschlossenen Typ, der seine Gefühle nicht zeigt, der sie nicht zu äußern vermag.
Und genau um den letztgenannten Personenkreis geht es vornehmlich in diesem Büchlein. Die Praxis hat gezeigt, daß es deutliche Zusammenhänge zwischen Nieren- bzw. Augenleiden und unterdrückten Gefühlen gibt — vor allem bei den ausgesprochenen Gefühlsmenschen. Trotz des Wohlstandes und größerer Freizügigkeit tun sich doch immer mehr Menschen schwer damit, ihre Gefühle zu zeigen. Gefühlsäußerungen stören gewissermaßen die Ordnung des täglichen Lebens, denn Gefühle sind etwas ganz Persönliches. Um ein Beispiel anzuführen: es gibt heute kaum noch jemand, der bereit ist, seine betagten Eltern zu betreuen. Dies würde einen so starken Eingriff in das Privatleben des Betreffenden bedeuten, daß er darüber ganz aus der Bahn geworfen würde.

„Das ist doch nicht zum Aushalten! Den ganzen Tag das Gequengel (Gefühle!) der alten Leute!" wird dann argumentiert, „nein, die gehören ins Altersheim, und wenn wir die Kosten selbst tragen müssen – Hauptsache, sie sind gut untergebracht."
Man kann anderen schon mal auf die Nerven fallen, wenn man seine Gefühle äußert. Es fragt sich nur, ob wir immer den Weg des geringsten Widerstandes gehen oder ob wir nicht mal ein offenes Ohr für die Nöte anderer haben sollten. Ein Mindestmaß an Nächstenliebe kann oft so segensreich sein! Unser gesellschaftspolitisches „Stromlinienmodell" kann ungeachtet seiner Vorzüge (über die man freilich auch geteilter Meinung sein kann) für das Gefühlsleben des einzelnen eine nicht zu unterschätzende Gefahr darstellen. Eine vorbildlich durchorganisierte Gesellschaft muß nicht zwangsläufig auch eine lebenswerte Gemeinschaft sein. Wie froh sind doch manche, wenn mal jemand auf einen kurzen Plausch bei ihnen vorbeikommt – ein Mensch, den sie ansprechen können und der ihnen zuhört. Einsamkeit kann trostlos sein. Lohnerhöhungen, bessere Arbeitsbedingungen, Vermögensbildung, steigende Sozialleistungen und was es sonst noch in dieser Richtung gibt, das mag alles ganz schön und gut sein. Wo aber bleibt der Mensch als solcher? Machen wir uns Gedanken um das wirkliche Glück des Menschen? Manchmal drängt sich einem die Vorstellung auf, das Glück sei käuflich. Aber das stimmt leider nicht. Aller Wohlstand dieser Welt, aller Luxus sogar, sind nicht imstande, uns das zu vermitteln, was zum eigentlichen Menschsein gehört: ein wenig Zuneigung, etwas Sympathie, ein bißchen (echtes) Interesse am Mitmenschen. Mit gutem Grund kehren gerade heute viele Jugendliche der überlieferten Form des Zusammenlebens den Rücken und flüchten in das, was man gelegentlich als „Subkultur" bezeichnet. Häufig empfinden sie die Verlogenheit der heutigen Zeit als besonders schmerzlich;

für Gefühle ist in unserer Gesellschaft ja kaum noch Platz.
Ein anderer Feind unseres Gefühlslebens ist das Fernsehen. Hatte man früher trotz harter Arbeit doch immer noch ein paar Stunden Zeit füreinander – heute ist kein Denken mehr daran. Nach dem Abendessen wird der Kasten angedreht und alle hocken davor, oft bis zum Sendeschluß. Man ist für niemand mehr zu sprechen. Eine angeregte Unterhaltung, ein Spaziergang, Gesellschaftsspiele, gemeinsames Basteln um den Familientisch – das alles gehört der Vergangenheit an. Im Grunde kennt man sich kaum. Man ist einander auch nicht mehr gewachsen, weil man bezüglich der Fähigkeiten und Eigenheiten selbst der nächsten Angehörigen oft im dunkeln tappt. Sogar der Ferienbungalow wird zur Enttäuschung, wenn dort kein Fernseher steht. ,,Wie kriegen wir die drei Wochen bloß rum", heißt es dann, wenn die Familie abends gemeinsam Löcher in die Luft starrt. Oberflächlichkeit, Eintönigkeit und Einsamkeit sind die Hauptmerkmale des gegenwärtigen Lebens. Glücklich dürfen sich nur diejenigen schätzen, die zu der Einsicht gelangt sind, daß sich daran etwas ändern muß. Sie haben dann auch den Mut, die alten Zöpfe solchen klischeehaften Fehlverhaltens abzuschneiden und Kreativität zu entwickeln. Das kann zu einer Wohltat für die Familie werden. Man entdeckt bei seinen Angehörigen Werte, die man bei ihnen nie erwartet hätte. Beim Spiel ,,Mensch ärgere dich nicht" z. B. stellt man erstaunt fest, daß sich die Partner plötzlich wunderbar abreagieren können. Das Interesse am Mitmenschen ist geweckt, man erwärmt sich für seine Angelegenheiten.
Versuchen Sie vor allem, die nötige Ausgewogenheit Ihres Gefühlslebens zu erreichen. Mit irgendwelchen ,,Freikaufmethoden" ist uns da nicht geholfen – etwa nach dem Motto ,,Hier haben wir was gespendet und dort haben wir was geschenkt, da haben wir uns auch

abgefunden – kein Grund zu Gewissensbissen . . . was soll man denn *noch* tun?" Eine gängige Auffassung. Tatsächlich verhält sich die Sache jedoch ein bißchen anders. Wie aber kann der Mensch in Harmonie leben, wenn er ständig mit den seelischen Sorgen und Nöten seiner Mitmenschen konfrontiert wird? Wir müssen – wie gesagt – eine Gleichgewichtigkeit herstellen und Extreme zur einen oder zur anderen Seite hin tunlichst vermeiden. Eine solche Ausgewogenheit erzielt man freilich nur durch eine echte wechselseitige Anteilnahme, die sich zu Respekt auswachsen kann. Wenn wir soweit gekommen sind, werden wir uns nicht mehr gegenseitig mit irgendwelchen Gefühlsausbrüchen zur Last fallen. Ein gutes Gespräch, das nicht nur an der Oberfläche dahinplätschert, führt zu gegenseitigem Verständnis und Aufgeschlossenheit für die Probleme des Partners; wir können von diesen nicht mehr ,,überrumpelt" werden. Dadurch vermag man das Zusammenleben so zu gestalten, daß die innere Einsamkeit gebannt ist und sich verdrängte Gefühle nicht so stauen, wie dies gegenwärtig vielfach der Fall ist.

Jeder Mensch hat die Aufgabe, zu einem ausgewogenen Leben zu finden. Um ein solches inneres Gleichgewicht zu erlangen, müssen wir zuerst und vor allem wieder ,,sehen" (Augen) und die Dinge richtig empfinden bzw. ,,erfassen" (Haut) lernen, so daß wir erkennen, was wir bewahren und wessen wir uns entledigen müssen; man könnte hier von einem geistigen Filterprozeß sprechen. Die körperliche Ausfilterung von Schadstoffen ist Aufgabe der Nieren. Erhält unser Gefühlsleben einen Knuff oder eine häßliche Beule, dann geraten wir aus dem (inneren) Gleichgewicht. Wahrscheinlich können Sie sich nun schon denken, daß Nieren, Haut und Augen solche Kalamitäten dann ausbaden müssen. Denn diese Organe entsprechen bezüglich der Körperfunktionen ganz solchen „seelischen Filterprozessen"; sie stellen also gewissermaßen „Psychoorgane" dar.

Obenstehendes kann man vielleicht zusammenfassen in wenigen Zeilen, die dem etwa dreitausend Jahre alten und sehr weisen Buch *I Ging* entnommen sind. In ihnen kommen die vier Haupttugenden der chinesischen Moralvorstellung zum Ausdruck.

„Die Erhabenheit ist von allem Guten das Höchste.
Das Gelingen ist das Zusammentreffen von allem Schönen.
Das Fördernde ist die Übereinstimmung von allem Rechten.
Die Beharrlichkeit ist die Grundlinie von allen Handlungen."

(*I Ging. Das Buch der Wandlungen,* übersetzt von Richard Wilhelm; Quelle: Weisheiten der Welt, Bd. 4: Vorderer Orient, Indien und Ferner Osten, herausgegeben von Alfred Grunow)

Eine bessere Anleitung kann uns für die Suche nach unserem „Lebensgleichgewicht" kaum in die Hand gegeben werden.

Zum Schluß möchte ich noch auf die Kräuter zu sprechen kommen. Wenn wir beim Arzt über Nieren-, Haut- oder Augenbeschwerden klagen, dürfte er sie kaum zu unserem Gefühlsleben in Beziehung setzen. Diese (echten) Wurzeln des Übels treten selten einmal hervor. Und unser Doktor hat wahrscheinlich auch gar keine Zeit, sich mit solchen Dingen zu befassen, denn im Wartezimmer sitzen noch viele Patienten. Die Medikamente, deren sich die Schulmedizin bedient, wirken samt und sonders mehr oder minder radikal auf unseren Körper. Häufig hat dieser dann seine liebe Not, derartige Mittel zu verkraften. Die Erzeugnisse der Pharmaindustrie sind durchaus nicht immer so harmlos, wie sie den Anschein erwecken, ja sie zeigen sogar meist unangenehme Nebenwirkungen (man heilt mit ihnen ein Leiden und verursacht durch sie ein anderes). Gehen wir nun aber von dem Gedanken aus, daß Nieren, Haut und Augen eng mit unserem Gefühlsleben verbunden sind, so liegt es doch auf der Hand, daß Chemopharmaka nicht unbedingt das Richtige für so „feinbesaitete" Organe sein dürften. Vor allem zur Funktionsregulierung und -harmonisierung dieser Organe läßt sich durch Verwendung von Kräutern sehr viel mehr erreichen. Heilkräuter wirken sanfter und milder als allopathische Mittel. Hinzu kommt, daß die Kräuter selbst ja harmonische, in sich ausgewogene Naturprodukte sind. Unsere Haut wird beispielsweise für eine Behandlung mit Johanniskrautöl dankbarer sein als für eine industriell erzeugte Salbe. Wir kommen auf diese Thematik in den nachstehenden Ausführungen noch zurück...

1. Seelenkummer wird in unserem Körper von Nieren, Haut und Augen bewältigt

Kummer ist etwas ganz Menschliches. Jeder ist gelegentlich betrübt oder gar verzweifelt. Und doch gibt es wahrscheinlich nur wenige unter uns, die sich einmal überlegt haben, was Kummer eigentlich ist. Man neigt sicherlich zu der Auffassung, Kummer sei etwas Unangenehmes. Sicherlich kennt man nettere Dinge im Leben, und es gibt ja soviel Jammer und Not auf der Welt.

Um das Wesen des Kummers verstehen zu können, muß man sich zunächst einmal klarmachen, daß er nichts Eigenständiges ist. Kummer hängt immer irgendwie mit einem Partner, einem anderen Menschen oder – noch allgemeiner gesagt – mit etwas Äußerem zusammen, was uns berührt. Kummer ist offensichtlich gekoppelt an die Fähigkeit des Menschen, zu Personen oder Dingen in Beziehung zu treten, sich daran zu binden. Der relationale Aspekt des Menschen ist eines der Urprinzipien des Menschseins. Schon in der Bibel (in der Schöpfungsgeschichte) können wir nachlesen, daß Gott, nachdem er den ersten Menschen geschaffen hatte, sagte: „Es ist nicht gut, daß der Mensch allein sei." Jeder braucht Bezugspersonen – ob er nun will oder nicht. Der Mensch ist zum Gemeinschaftsleben geboren, er muß gewissermaßen ein Zusammenleben mit anderen entwickeln.

Die Geschichte lehrt uns, daß gerade dieses Zusammenleben oft die Quelle großer Schwierigkeiten und Konflikte ist. Wie bereits in der Einleitung gesagt, muß es der Mensch als seine Aufgabe ansehen, ein Zusammenleben mit anderen in vollkommener Harmonie anzustreben. In einer Zeit wie der unseren, in der die Disharmonien Hochkonjunktur haben, ist das für viele von uns sicher kein leichtes Unterfangen. Der so wichtige relationale Aspekt des Menschseins schließt ein, daß der Mensch vom Mitmenschen abhängig ist. Wir können ohneeinander einfach nicht existieren. Dies gilt nicht allein in physischer, sondern ganz sicher auch in psychischer Hinsicht. Dadurch ist der Mensch freilich *verletzlich*. Verhalten und Reaktion des einen Menschen berühren und beeinflussen die des anderen.

Das alles hat man sehr wohl erkannt. Dies zeigt sich schon bei der Kindererziehung. Die Eltern und Lehrer versuchen, ihre Schützlinge auf die Konsequenzen menschlicher Verwundbarkeit vorzubereiten. Gerät beispielsweise ein Kind in Schwierigkeiten, so bekommt es meist zu hören: ,,Es ist gut, daß dir das jetzt widerfährt! Aber mach' dir nichts daraus, mit der Zeit gewöhnst du dich daran. Du mußt dir halt ein *dickeres Fell* (sprich Haut) zulegen." Der Niederländer pflegt einem Menschen, der zu lautstarken Jammertiraden neigt, zu sagen: ,,Du wirst noch ganz andere Dinge im Leben erfahren, du mußt noch *Schwielen auf der Seele* bekommen." Und wenn jemand immer wieder in mißliche Situationen gerät, empfiehlt man gerne: ,,Mensch, *drück' doch einfach die Augen zu,* dann siehst du den ganzen Schlamassel nicht mehr."

Wenn uns der Kummer überwältigt, *brechen wir in Tränen aus*. Im Buche Hiob finden wir ein gutes Beispiel für die Beziehungen zwischen Gefühlen (Seele) und Nieren. Nachdem Hiob von seinen Freunden im Stich gelassen worden war und alles verloren hatte, mußte er das gefühlsmäßig verkraften. Er äußerte sich über seine seelische Verfassung u. a. mit den Worten: ,,. . . er hat meine Nieren gespalten und nicht verschonet . . ." (Hiob 16,13). Auch in den Sprüchen Salomos finden wir eines der zahlreichen biblischen Beispiele für die Beziehungen zwischen Gefühlen und Nieren: ,,Mein Sohn, wenn dein Herz weise ist, so freuet sich auch mein Herz; und meine Nieren sind froh, wenn deine Lippen reden, was recht ist" (Die Sprüche Salomos 23, 15—16). Ist es nicht merkwürdig, daß unsere Umgangssprache so deutliche Hinweise auf die Körperbereiche gibt, die mit unseren Gefühlen (Psyche) in Verbindung stehen?

Wie kommt es eigentlich zu Störungen bei Nieren, Haut und Augen? Die Antwort ist einfach: Sie entstehen, wenn auf relationalem Gebiet beim Menschen (langfristig) irgend etwas nicht stimmt. Oder anders ausgedrückt: Sie entstehen dann, wenn einer immer in Schwierigkeiten gerät, wenn er sich an Personen oder Sachen binden will.

Wir wollen uns nun näher mit Nieren, Haut und Augen befassen -- und zwar unter besonderer Berücksichtigung der Organreaktionen auf das Seelenleben (Gefühle).

Die Nieren

Die Nieren sind Organe, die unser Blut filtern. Man könnte sie als „Reinigungsapparate" bezeichnen. Die von ihnen ausgeschiedene Flüssigkeit, der Urin, führt eine Menge für den Körper giftige Stoffe ab. In den Nieren wird das Blut entschlackt. Vor allem werden Harnstoff als Endprodukt des Eiweißstoffwechsels und andere Rückstände dem Blut entzogen und ausgeschieden. Nun besteht ganz offensichtlich eine Beziehung zwischen unserer seelischen Verfassung und der Zusammensetzung der Körperflüssigkeiten (also auch des Blutes). Negative Einflüsse auf die Psyche wirken sich also ungünstig auf die Beschaffenheit des Blutes aus. Wenn wir beispielsweise irgendeinen großen Kummer haben, müssen unsere Nieren entsprechend mehr Arbeit leisten, weil unser Blut stärker verunreinigt ist. Sollten die psychischen Spannungen länger anhalten oder sehr stark sein, so besteht durch-

aus die Möglichkeit, daß die Nieren „müde" werden und uns das auch — wenn es ganz schlimm kommt — zu erkennen geben. Als Beispiel für eine solche Situation sei folgender Fall konstruiert:
Es geschieht gelegentlich, daß Frauen in den ersten Ehejahren Nierenbeschwerden bekommen. Niemand kann sich das erklären. Immer gesund gewesen, jetzt glücklich(?) verheiratet, ein schönes Haus, der Mann in guter Position, keine finanziellen Probleme . . . und doch . . . Was auf den ersten Blick so schön aussieht, kann sich als wahre Tragödie entpuppen, wenn wir tiefer in die Mann-Frau-Relation eindringen. Vor der Ehe war die Beziehung zwischen ihm und ihr so gewesen, daß sie sich freuen konnte, diesen Mann zu heiraten. Er hatte etwas Bestechendes in seiner Höflichkeit, Zuvorkommenheit und Umgänglichkeit. Doch der Schein kann trügen. Nach der Hochzeit verblaßten die guten Eigenschaften allmählich; der Mann war in Wirklichkeit gar nicht so höflich und fröhlich, wie es vor der Heirat den Anschein gehabt hatte. Seine Anziehungskraft ließ nach, ja, in der Tiefe ihres Herzens bedauerte sie sogar, mit diesem Mann eine Ehe eingegangen zu sein. Aber Scheidung? Es gehört schon etwas dazu, vor den Richter zu treten und die offizielle Scheidung zu fordern; das macht man ja nicht so mir nichts, dir nichts. Vor der Hochzeit „spielte" der Mann eine ganz bestimmte Rolle, die darauf abzielte, „das Vögelchen einzufangen". Danach gewann dann wieder sein eigentliches Naturell Oberhand — ein Naturell, das die Frau schockierte. Sie hatte sich an eine ganz andere Persönlichkeit *gebunden*. Am liebsten würde sie die Beziehung abbrechen, doch sie tut es nicht, weil nach außen hin (materiell) doch alles in bester Ordnung ist. So erlebt die Frau tagein, tagaus einen mehr oder minder starken Bindungszwang, d. h. eine ihr im Grunde nicht zusagende Bindung an einen unliebsamen Partner.
Das also ist eine Situation, in der die Nieren das Op-

fer einer sich langsam anbahnenden Gefühlskrise werden. Es ist demnach eigentlich ein seelischer Kummer, der sich in Form einer Nierenerkrankung äußert – ein schwer lösbares Problem. Für seelische Nöte gibt es keinen Ausweg, die Natur kennt keine Halbheiten. Wenn sich jedoch in der einen Richtung (z. B. durch Änderung der Umstände) keine Lösung anbietet, muß diese in einer anderen Richtung (z. B. im körperlichen Bereich) erfolgen. Auf alle Fälle kommt es darauf an, die Summierung von Disharmonien irgendwie abzubauen.
Es ist also direkt *lebenswichtig*, einen seelischen Kummer nicht allzu lange mit sich herumzutragen. Horten Sie Sorgen und Leid nicht, sondern befreien Sie sich von solchen Disharmonien, die für Sie lebensbedrohlich werden können. Bei Nierenbeschwerden müssen Sie sich stets zuerst fragen, ob es nicht irgendwo mit den zwischenmenschlichen Beziehungen „klemmt". Überprüfen Sie die von Ihnen geknüpften Bindungen und trachten Sie sie ins Gleichgewicht zu bringen. Ausgewogenheit auf relationaler Ebene ist wahrscheinlich die beste Medizin gegen alle Nierenleiden. Kommt sie nicht zustande, so werden auch Kräuter keine dauerhafte Heilwirkung zeitigen, da die Ursache des Übels nicht ausgeräumt ist. Der Arzt für den Körper ist wichtig. Der Arzt für die Seele jedoch ist für Nierenkranke lebenswichtig.

Die Haut

Unsere Haut hat viele Funktionen. In diesem Zusammenhang geht es um die Flüssigkeitsausscheidung. Die Haut ist nämlich – genau wie die Nieren – imstande, mit dem Schweiß Giftstoffe auszuschwemmen. Die Transpiration ist also für den Menschen von großer Bedeutung. Auch zwischen dieser Hautfunktion und unserer psychischen Verfassung gibt es enge

Zusammenhänge. Und wieder zeigt sich das in der Sprache, denn wir sagen ja: „Der *Angstschweiß* brach ihm aus." Die psychische Situation (in diesem Falle Angst) verursacht u. U. eine gesteigerte Flüssigkeitsabsonderung (Schweiß) der Haut. Häufig sind Hauterkrankungen auch die Folge einer verminderten Nierenfunktion; die Haut übernimmt dann teilweise Aufgaben der Nieren. Die Relation zwischen Haut und Gefühlsleben dürfte etwas anders geartet sein als die gerade bei den Nieren besprochene. Eigentlich handelt es sich mehr um eine Nuancierung. In beiden Fällen geht es ja um den Bereich der Bindung, des Relationalen. Bei Nierenerkrankungen liegt meist die Störung einer bestehenden Bindung vor, die – selbst wenn es der Betroffene wollte – nicht zu lösen ist. Bei Hauterkrankungen geht es mehr um das Nichtzustandekommen einer guten Beziehung. Ohne es zu wollen, scheint man den anderen immer irgendwie abzustoßen. Aus dieser Sicht ist die während der Pubertät häufig auftretende „unreine Haut" durchaus erklärlich. Während der Entwicklungsjahre bekommt der junge Mensch erstmals Gelegenheit, eigene Kontakte zu knüpfen, d. h. außerhalb des Elternhauses Bindungen einzugehen. Diese Kontaktaufnahme ist für viele Heranwachsende (und auch für die Eltern) oft recht problematisch. Der Jugendliche weiß in dieser Entwicklungsphase nicht, ob er sich als Kind oder als Erwachsener an Personen oder Dinge binden soll. Versucht er beispielsweise, sich als Erwachsener zu binden, so macht er womöglich die Erfahrung, daß er dazu den Umständen (u. a. gesellschaftlicher Natur) nach noch nicht reif genug ist. Fühlt sich der Jugendliche aber schließlich in der Lage, mehr oder minder ausgeprägte „Erwachsenenbindungen" einzugehen, so verschwinden die lästigen Pusteln und Pickel meist von selbst.
Hautprobleme haben vielfach auch Junggesellen, die an sich gerne eine feste Bindung eingehen würden.

Bei ihnen treten häufig (vor allem im Gesicht) Akne oder Ekzeme auf. Merkwürdigerweise geben Frauen zwischen 30 und 40 Jahren solchen „Hautunreinheiten" nicht selten die Schuld an ihrer Partnerlosigkeit. „Mit *dem* Gesicht will einen doch keiner haben", sagen sie sich. Tatsächlich liegen die Dinge freilich anders. Dadurch, daß sich ein Mensch nicht zu binden vermag (weil er vielleicht zu hohe Anforderungen an den anderen stellt oder überhaupt zu kritisch ist), kommt es nie zu echten, harmonischen partnerschaftlichen Beziehungen. Ein seelischer Kummer bahnt sich an, über den meist nicht gesprochen wird. In solchen Fällen reagiert der Körper an den Stellen, die dem Gefühlsleben entsprechen.

Bei Hautausschlägen hört man gelegentlich auch einmal von „unreinem Blut"; dann werden die verschiedensten „Blutreinigungsmittel" ausprobiert – meist allerdings ohne Dauererfolg. Wir können uns jetzt erklären, weshalb dies so ist. Das Blut ist zwar tatsächlich „unrein", aber die „Blutreinigungstees" helfen kaum, wenn nicht zugleich die Wurzel des Übels ausgerottet wird. Ein „reines Seelenleben" (Gefühlsleben) führt zu „reinem Blut" und zu „reiner Haut".

Zum Schluß noch ein paar Worte über die „Meßbarkeit" der Gefühle. Es gibt ein Gerät, mit dem man den Hautwiderstand messen kann. Damit wird ein äußerst schwacher Strom durch die Haut geschickt und ermittelt, welchen Widerstand sie bietet. Bei den Versuchen mit diesem Gerät hat sich herausgestellt, daß sich der Hautwiderstand ändert, wenn man bei der zu testenden Person Gefühlsregungen zu wecken vermag. In Amerika benutzt man daher einen solchen Apparat als „Lügendetektor", da der Mensch beim Lügen unwillkürlich Gemütsbewegungen unterworfen ist. Über derartige Versuche – selbst bei Pflanzen – findet man in der einschlägigen Literatur manche interessante Einzelheit.

Die Augen

Die Augen nehmen in der hier behandelten Triade eine besondere Stellung ein. Sie befähigen uns ja nicht nur zum Sehen, sie sondern darüber hinaus auch noch eine Flüssigkeit ab, die Tränen. Das Augenwasser dient der Feuchthaltung der Hornhaut; außerdem erfüllt es noch eine wichtige Aufgabe, die sich im Weinen äußert. Wir weinen, wenn wir Kummer oder Leid haben. Werden wir von irgendwelchen Tatbeständen überwältigt, so können wir in Tränen ausbrechen. Wir sind dann einfach außerstande, empfangene Eindrücke zu verarbeiten. Das Weinen ist eine Notmaßnahme unseres Körpers, gewissermaßen eine „akute Entgiftungsprozedur". Denn mit dem Augenwasser treten auch „giftige Körpersäfte" aus. Daß man im Weinen eine Notmaßnahme des Körpers sehen muß, zeigt sich übrigens auch daran, daß Kinder leichter weinen als Erwachsene.

Ein Kind vermag die gewonnenen Eindrücke nicht vollständig zu verarbeiten. Dementsprechend ist die Psyche des Kindes auch verwundbarer als die des Erwachsenen. Spricht man nicht von „Kindergemüt" und suggeriert damit eine gewisse Hilf- und Schutzlosigkeit? Wenn ein Kind mit Dingen konfrontiert wird, die es gefühlsmäßig nicht verkraften kann, weint es. Dadurch wird verhindert, daß der „giftige Niederschlag des disharmonischen Einflusses" nachteilige Folgen für das Kind hat. Durch das Weinen kommt es nicht zu einem Gefühlsstau und dessen eventuellen schädlichen Auswirkungen.

Bedauerlicherweise wird das Weinen gern mit Verweichlichung, mangelnder Forschheit und Schwäche in einem Atemzug genannt. „Beiß doch die Zähne zusammen und heule nicht!" heißt es dann. Man fragt sich allerdings unwillkürlich, wohin mit den Tränen? Wo bleiben sie? Das werden wir bald sehen, wenn wir uns mit den recht unangenehmen Auswirkungen der oft hochgespielten „Schneidigkeit" befassen. Schließlich suchen sich die unterdrückten Emotionen ja doch einen Ausweg — wenn nicht durch Tränen, so durch die Haut oder — schlimmer noch — durch die Nieren.

Weinen ist gesund. Weinen ist ganz menschlich. Dies soll freilich nicht heißen, daß man bei jeder passenden und unpassenden Gelegenheit gleich losheult. Das ist das andere (und auch nicht sonderlich harmonische) Extrem.

Sollten wir aber einfach nicht mehr ein noch aus wissen, dann kann das Weinen eine wahre Erleichterung bedeuten. Man sagt ja auch: „Wenn ich mich nur mal richtig ausheulen könnte, ginge es mir besser." Man steht unter dem Druck gestauter psychischer „Gifte", die ihren Niederschlag im Blut finden.

Abgesehen von der Entgiftungsaktion der Augen zeigt sich, daß auch das eigentliche Sehen gefühlsgebunden ist. Dafür finden wir gleichfalls zahlreiche Hinweise in der Sprache. Wenn man beispielsweise auf die Bindung an einen Menschen keinen Wert mehr legt, sagt man: „Ich kann ihn einfach nicht mehr *sehen*" oder in einer wenig erfreulichen Situation: „Das ist ja nicht mehr zum *Ansehen*." Es gibt sogar Fälle, in denen sich das Sehvermögen besserte, nachdem das, „was nicht mehr zum Ansehen war", entfiel. Ebenso kommt es vor, daß ein Mensch vorübergehend erblindet, wenn die gegebene Situation (also auch eine Relation) „nicht mehr zum Ansehen" ist, und daß das Sehvermögen — sei es vielleicht auch nicht mehr hundertprozentig — zurückkehrt, sobald sich die Lage gebessert hat.

Zusammenfassend läßt sich sagen, daß Nieren, Haut und Augen diejenigen Organe des Körpers sind, die an unserem Gefühlsleben starken Anteil nehmen. Es gibt eine gewisse Analogie zwischen den beiden Bereichen Gefühlsleben (Seele) und Gefühlsorgane (Nieren, Haut und Augen). Sie sind beide Äuße-

rungsformen des gleichen Urschemas, das sich mit den Begriffen *Bindung, Relation* charakterisieren läßt.
Für diejenigen, die sich ein wenig mit astrologischen (d. h. kosmischen) Gesetzmäßigkeiten auskennen, wird es einleuchtend sein, daß die Störungen der hier behandelten Organe dem kosmischen *Venus*prinzip unterliegen. Die Charakteristika dieses Schemas bilden gewissermaßen die Basis der zahlreichen Äußerungen, die analog auftreten können. Bei der genaueren Betrachtung eines Geburtshoroskopes darf die Beurteilung des Planeten Venus im Hinblick auf die in diesem Büchlein besprochenen Symptome nicht vernachlässigt werden. Wer sich für die kosmischen Schemata und ihre Auswirkungen auf den Gesundheitszustand des Menschen interessiert, dem sei mein Buch *Gesund sein mit Metallen* (Aurum Verlag) empfohlen.
Heilsam auf Nieren, Haut und Augen wirkt sich das Metall *Kupfer* aus. Kupferschmuck sollten also diejenigen tragen, die Schwierigkeiten mit zwischenmenschlichen Beziehungen haben. Durch Kupfer sind wir ja auch samt und sonders miteinander verbunden; man denke nur an das weltumspannende, aus Kupferdrähten bestehende Netz des Post- und Fernmeldewesens.
Muten Sie Ihren Gefühlen nicht zuviel zu! Lernen Sie Ihre Grenzen kennen! Vermeiden Sie es unter allen Umständen, Kummer und Leid klaglos in sich hineinzufressen und zu stauen! Sorgen Sie vielmehr rechtzeitig für eine möglichst harmonische „Entlastung" Ihres Gefühlslebens! Äußern Sie Ihre Gefühle und hüten Sie sich davor, disharmonische Tendenzen auf psychischer Ebene zu erhalten; sie können sich nur schädlich auf Sie auswirken!
Bewahren Sie aber alle Gefühle, die Ihnen lieb und wert sind, in Ihrem Herzen! Hegen und pflegen Sie sie, denn sie wirken sich positiv auf die Entfaltung Ihrer Persönlichkeit aus!

2. Sympathie als Heilmittel

Auch wenn Sie Liebe in keiner Apotheke der Welt käuflich zu erwerben vermögen, ist sie doch eines der besten Medikamente, das man sich nur vorstellen kann. Das, was man mit dem Inhalt eines Medizinfläschchens – wenn überhaupt, so doch nur mit Mühe – bewirkt, das erreicht man durch echte Liebe. In der Einleitung ist bereits zur Sprache gekommen, wie die Welt von heute doch so unpersönlich-kühl ist. Alles mag noch so schön durchorganisiert und geregelt sein – wie aber steht es um die Menschlichkeit? Immer weniger Zeitgenossen sind einer echten Liebe, einer tiefen Zuneigung oder wahrer Sympathiegefühle fähig. Die Gründe dafür liegen auf der Hand. Die Oberflächlichkeit, das Nebeneinanderher- oder gar Aneinandervorbeileben greifen mehr und mehr um sich. Man hat kein Interesse mehr am Nebenmann. Und doch braucht jeder Mensch Liebe – selbst wenn wir vergessen haben, was das überhaupt ist.
Im vorigen Kapitel kam die Relation zwischen unserem Bindungsvermögen und unseren „Gefühlsorganen" zur Sprache. Logischerweise kann man daraus folgern, daß die Liebe Nieren, Haut und Augen beeinflußt, da Liebe eng mit dem relationalen Aspekt des Menschen zusammenhängt. Ob wir uns nun binden, weil wir einander mögen, oder ob wir einander mögen und es dadurch zu einer Bindung kommt, tut eigentlich nichts zur Sache. Es steht jedenfalls fest, daß Sympathie und Bindung zusammengehören. Die Gefühlswelt des Menschen kann aus dem Gleichgewicht geraten, wenn die Liebe zu kurz kommt. Liebe vermittelt ein Gefühl der Geborgenheit; und gleichzeitig verspürt man beim anderen Ehrfurcht und In-

teresse gegenüber der eigenen Person. Man kommt mit seinen Gefühlen bei dem Partner an, der einen liebt. Sympathie ist das Zauberwort, der Resonanzboden unseres Alltags und ein dringend benötigtes Lebenselement. Wenn auch kein Mensch ohne Liebe existieren kann, so ist sie doch gerade für diejenigen, die mit ihrem Gefühlsleben nicht zurecht kommen, direkt lebenswichtig. Nun mögen Sie sich fragen, was die bisherigen Ausführungen überhaupt für einen praktischen Wert haben. Wenn ohnehin Schwierigkeiten bestehen, eine Bindung einzugehen, so ist es doch direkt paradox, im gleichen Atemzug von Liebe und Sympathie zu sprechen. Aber das „Einander-Mögen" kann man erlernen. Man darf diesen Begriff freilich nicht mit „Verliebtheit" verwechseln. Eigentlich haben die beiden Ausdrücke kaum etwas miteinander zu tun. Man kann ja durchaus in einen Menschen verliebt sein, ohne ihn wahrhaft zu lieben. Und ebenso kann man jemanden schätzen und mögen, ohne in ihn verliebt (gewesen) zu sein. Die Sympathie kann also außerhalb des „Bannkreises der Erotik" stehen. Einen Menschen mögen, Sympathien für ihn hegen — das ist ein Überbegriff, der alle Lebensbereiche umfaßt, die uns zutiefst berühren. Wenn jemand Schwierigkeiten mit dem Eingehen einer Bindung hat, erfährt er, was es wirklich mit dem „Einander-Mögen" auf sich hat; denn Sympathien vermag er mühelos zum Ausdruck zu bringen. Die Unfähigkeit, sie weiter auszubauen, begründet sich vielfach in der Unkenntnis dessen, was gestaltet werden soll. Ist man aber erst einmal imstande, den anderen wirklich zu „sehen" (Augen), verlangt man auch danach, ihn zu „berühren" (Haut). Sind diese ersten Kontakte (mit Augen und Haut) hergestellt, so wird man fühlen, was in der Bibel in folgende Worte gekleidet ist: „. . . und meine Nieren sind froh" (Die Sprüche Salomos).

Um einen Menschen wahrhaft zu mögen, ihm Sympathien entgegenzubringen, muß man vor allem von gegenseitigem *Vertrauen* ausgehen, man muß *Ehrfurcht* voreinander haben und aneinander *interessiert* sein. Gibt es nicht viele Menschen, die das Gefühl haben, ihnen werde zuwenig Aufmerksamkeit geschenkt? Aufmerksamkeit und ebenso Interesse können freilich auch einen abwertenden Beigeschmack haben — dort nämlich, wo der Betroffene um einer Sensation willen in den Mittelpunkt des Interesses gezogen werden will oder soll, wo alle Welt auf ihn aufmerksam wird. Haben wir jedoch Vertrauen in den anderen, haben wir Respekt vor ihm, dann werden wir ihn nicht nur achten, sondern auch *be*achten. Ein wenig echte (liebevolle) Anteilnahme bedeutet für viele unserer Zeitgenossen mehr als ein Millionenbesitz. Auch die Gnade, einem anderen Beachtung schenken zu dürfen, ist eine Facette ausgewogenen „Bindungserlebens". Einem Menschen Aufmerksamkeit zollen bedeutet soviel wie etwas von persönlichen Gefühlen sichtbar werden lassen. Man kann es Wertschätzung nennen, Sympathie oder auch Liebe. Oft ist man dazu nicht imstande, weil man sich scheut, sich ganz dem anderen zu offenbaren. Dieses Zaudern, diese Hemmungen wurzeln in der unbewußten Kenntnis der eigenen *Verletzlichkeit*. Ja, wenn man von vornherein wüßte, daß die angestrebte Relation auch zustande kommt — das wäre etwas anderes. Und hier stoßen wir auf den Kern der Bindungsschwierigkeiten. Der Mensch findet zu seinem inneren Gleichgewicht, wenn er trotz mancher Enttäuschungen seiner Umgebung Ehrfurcht und Vertrauen entgegenbringen kann.

So, wie die Nieren für die chemische Ausgewogenheit unseres Blutes sorgen (Körper), so erhält uns echte Sympathie die Ausgewogenheit unseres Gefühlslebens (Seele). Enttäuschungen und Schwierigkeiten im Bereich des „Einander-Mögens" (des Relationalen) können zu seelischen Erschütterungen führen, d. h.

zu einer Unausgewogenheit des Gefühlslebens. Und wenn wir seelisch überlastet sind, dann melden sich unsere Gefühlsorgane zu Wort.

Folgerungen

Solange Sie noch fähig sind, echte Sympathie für einen Menschen oder eine Sache aufzubringen, sollten Sie diese auch äußern. Durch die Äußerung von Gefühlen entsteht ein „Gefühlsgleichgewicht". Je ausgewogener Ihr Gefühlsleben und je besser Ihr seelisches Gleichgewicht ist, desto besser funktionieren Nieren, Haut und Augen.

Dieses Kapitel mag ziemlich „unmedizinisch" erscheinen; dennoch ist es von fundamentaler Bedeutung, da wir ohne einen tiefen Einblick in die Ursache der körperlichen Beschwerden diese auch nicht zu heilen vermögen. Will man nämlich wirklich heilen, dann muß man immer an mehreren Punken zugleich ansetzen – beim Körper, bei der Seele und bei den (Lebens-)Umständen.
Da das Gefühlsleben für Nieren, Haut und Augen aber von so eminenter Bedeutung ist, mußte dieses Kapitel einfach geschrieben werden.

Zum Schluß möchte ich noch einen Passus aus dem Buch von Phil Bosman zitieren, das den Titel trägt *Menslief ik hou van je* (was man frei mit „Mensch, ich mag dich" übersetzen könnte). Darin kommt in etwas ungewöhnlicher Weise der relationale Aspekt des Menschen zum Ausdruck:

„Ich möchte dich warnen
vor der Kälte,
die über die Welt kommt,
und in der so viele erfrieren.
Menschen
leben einsam
in einer verdorrten Menschenwüste
wie Ameisen
in Lagerhäusern und Straßen
in Bahnen und Bussen
und Wohnungen.
Menschen ohne Gesicht
und ohne Herz.
Wir sind vollkommen abhängig von anderen
mit dem Essen
mit Kleidung,
Wohnung,
Transport,
Entspannung,
mit allem, was für Geld erhältlich ist.
Aber wir sind noch mehr voneinander abhängig
um unseres Glückes willen.
Da richtet man mit Geld nichts aus,
da spricht das Herz
und die Liebe, die nichts kostet."

3. Wie kann man Kräuter verwenden?

Heilpflanzen lassen sich in vielerlei Weise verwenden. Wenn wir in alten Kräuterbüchern blättern, stellen wir fest, daß man ehedem weitaus mehr Anwendungsmethoden kannte als heute. Manche Zubereitungsarten sind – nicht zuletzt durch die Pharmaindustrie – verdrängt oder gar vergessen worden. Vieles ist uns aber glücklicherweise auch überliefert worden. Wir wollen uns hier auf folgende Möglichkeiten beschränken:

1. Nutzung des frischen Krautes
2. Verwendung des getrockneten Krautes (Kräutertee)
3. Kräutertinktur
4. Kräutertabletten

Das frische Kraut

Die Nutzung frischer Kräuter ist mit einigen Nachteilen verbunden. Voraussetzung ist beispielsweise eine sehr genaue Pflanzenkenntnis. Man muß ja absolut sicher sein können, daß es sich bei der gepflückten Pflanze auch wirklich um das gesuchte Kraut handelt. Manche Pflanzen weisen so charakteristische Merkmale auf, daß sie unverwechselbar sind; von anderen dagegen gibt es zahlreiche Unterarten und Varietäten, die nur schwer auseinanderzuhalten sind. Dies trifft beispielsweise für Kamille zu, für Kerbel- und Minzearten. Überzeugen Sie sich also davon, daß Sie wirklich die richtige Pflanze haben!

Als zweiter Vorbehalt muß erwähnt werden, daß heutzutage die Vegetation weitgehend verunreinigt ist – sei es durch Autoabgase, Reifenabrieb, Industriestäube oder durch Kunstdünger, Herbizide und Pestizide. Es gibt nur noch wenige Stellen, wo man wirklich hochwertiges Pflanzenmaterial findet. Pflücken Sie nie Kräuter an Straßenrändern und Wegrainen, sie sind zu 99 % verunreinigt und infolgedessen unbrauchbar.

Drittens sollten wir bedenken, was geschähe, wenn jeder auf gut Glück durch die Felder streifen und Kräuter sammeln wollte. Unwillkürlich würde mehr gepflückt als nötig und mehr Schaden angerichtet als vertretbar wäre. Zum Kräutersammeln gehört weitaus mehr Sachkenntnis, als man schlechthin meint. Sinnvoller ist es daher, die Pflanzen ehrfürchtig zu betrachten und sich daran zu erfreuen. Das allein kann übrigens schon heilsam sein!

Sollten Sie jedoch selbst Kräuter sammeln wollen, so bedenken Sie bitte, daß ein Großteil der (noch!) in der Natur vorkommenden Pflanzen geschützt ist. Es kann Sie recht teuer zu stehen kommen, wenn Sie gegen irgendwelche – ortsunterschiedliche – Naturschutzgesetze oder -verordnungen verstoßen! (Sachdienliche Informationen erhalten Sie bei den zuständigen Naturschutzbehörden.)

Häufig wird das frische Kraut *äußerlich* angewandt (man legt z. B. ein Blatt auf die schmerzende Stelle oder macht einen sogenannten ,,Kräuterumschlag".
Auch Tee kann man von frischen Kräutern bereiten, sofern man das genaue Mengenverhältnis kennt. Das ist nicht immer ganz einfach. Frische Pflanzen wirken nämlich stärker als getrocknete. So nimmt man in der Regel getrocknete Kräuter zur Teebereitung.

Das getrocknete Kraut

Will man selbstgepflückte Kräuter trocknen, so breitet man sie auf ein sauberes Papier aus (aber nicht auf Zeitungspapier — wegen der Druckerschwärze und eventueller Bleispuren) und trocknet sie an einem nicht zu warmen, luftigen Ort (nie in der Sonne!). Ist das Kraut trocken — also je nach den Umständen nach etwa einer Woche —, so kann man es mit einem (möglichst silbernen) Messer zerkleinern und in gut verschließbare Glasgefäße füllen.

Heutzutage sind übrigens fast alle Kräuter in der Drogerie oder im Reformhaus erhältlich, man muß aber auf die Qualität achten, denn Tee, der älter als ein Jahr ist, ist meist nicht mehr so wirksam.

Die Teezubereitung

Verwenden Sie zum Aufgießen von Kräutertees niemals Gefäße aus Metall, da dieses die Wirkung des Tees beeinträchtigen könnte. Nehmen Sie einen gehäuften Eßlöffel des trockenen Krauts (oder Kräutergemischs) auf einen halben Liter (= 3 Teetassen) Wasser. Man übergießt den Tee mit dem kochenden Wasser und läßt ihn zehn bis fünfzehn Minuten ziehen, dann siebt man ihn durch. Den klaren Tee (ohne Blätter) kann man an einem kühlen Platz mehrere Stunden aufbewahren, so daß man morgens gleich den Tee für den ganzen Tag bereiten kann.

Die erste Tasse trinke man früh noch warm. Wenn keine anderen Verordnungen gegeben sind, trinke man dreimal täglich eine Tasse Kräutertee jeweils zehn oder fünfzehn Minuten vor den Mahlzeiten.

Zur Herstellung einer Kräutermischung nehme man als Maßeinheit den *Eßlöffel,* auch wenn in den meisten Kräuterbüchern von *Teilen* gesprochen wird — im Prinzip läuft es auf das gleiche hinaus.

Die Kräutertinktur

Kräutertinkturen sind nicht ganz einfach herzustellen. Genaue Sachkenntnis ist Voraussetzung (z. B. spielt der Alkoholprozentsatz eine Rolle). Wollen Sie jedoch ein wenig experimentieren, so nehmen Sie am besten Branntwein als Grundlage. Kräutertinkturen sind heute freilich — ebenso wie Tees — auch in Apotheken und Reformhäusern erhältlich. Die Dosierung richtet sich einmal nach der Art des Krautes, zum anderen nach der Person, für die die Tinktur bestimmt ist. Dabei kommt es meist nicht so sehr auf einen Tropfen mehr oder weniger an. Nur dürfen wir nicht vergessen, daß ,,viel nicht immer viel hilft". Häufig erzielt man bessere Erfolge mit jeweils zwei oder drei Tropfen als mit fünfzehn oder zwanzig Tropfen. In den Ausführungen über Homöopathie komme ich darauf noch zurück.

Die Kräutertablette

Dabei handelt es sich um pulverisierte und zu Tabletten gepreßte Kräuter. Sie werden vornehmlich von solchen Pflanzen hergestellt, die alkoholunverträglich sind, so daß sich aus ihnen keine Tinkturen herstellen lassen. Außerdem gibt es Fälle, in denen sich Tabletten wirksamer erweisen als die Tinktur.

Andere Verwendungsmöglichkeiten

Kräuter wirken grundsätzlich anders als allopathische Mittel (Pharma-Produkte). Aus den vorangegangenen Kapiteln war schon zu ersehen, daß körperliche Unausgewogenheit (Krankheit) nur einen Teilbereich eines größeren Schemas darstellt, das sich analogerweise auch auf anderen Ebenen äußert. Eine echte Heilung erzielt man also nur durch eine Harmonisierung des „Urschemas", dessen Störung zum Auftreten von (oft scheinbar unzusammenhängenden) Symptomen führt. Wir sollten demnach eine Krankheit nicht mit einem Stoff bekämpfen, der sich auf eine bestimmte Körperpartie auswirkt (man spricht in diesem Zusammenhang ja auch von „Wirkstoffen"), sondern müssen den Menschen als Ganzes beeinflussen, sein Gesamtbefinden. Es geht also nicht um bestimmte Pflanzen*bestandteile*, die heilsam wirken. Wir müssen vielmehr das *kosmische Schema* der Pflanze in Betracht ziehen, das zu einer Harmonisierung der Gesamtkonstitution beiträgt. Leider haben wir die eigentliche, die tiefere Bedeutung der einzelnen Pflanzen mit der Zeit vergessen. Wir sehen in einem Heilkraut beispielsweise kein eigenständiges Wesen mehr, das ein größeres Schema widerspiegelt. Die Wesensart der Pflanze erkennen wir allenfalls noch an ihrem Namen. Denn in alten Zeiten benannte man ein Gewächs nicht unmotiviert; in der Bezeichnung mußte etwas von seiner Art, seinem Wesen, seinem Naturell anklingen. Dies trifft übrigens auch für die Benennung der Tiere zu. Viele Pflanzennamen sagen etwas über Wirkung, Standort oder Verwendung aus. Denken wir an *Herzgespann*, *Wald*meister, *Acker*schachtelhalm, *Schaf*garbe, *Augen*trost, *Lungen*kraut – um nur einige zu nennen. Nein, die Namensgebung erfolgte wirklich nicht willkürlich.

Eine Pflanze entspricht in ihrem Naturell also dem eines bestimmten Krankheitssymptomes – oder volkstümlicher ausgedrückt: gegen jede Krankheit ist ein Kraut gewachsen. Abgesehen von der peroralen Nutzung genügt es oft schon, wenn man ein Zweiglein des wohltätigen Krautes bei sich trägt; es wirkt harmonisierend. Man hat dann also gewissermaßen das Harmonisierungsprinzip in der Tasche. Dies gilt übrigens auch für Steine und Metalle. Weshalb sollten wir also nicht ein Kräutlein, einen Stein oder ein Metallplättchen bei uns haben, das wir besonders gerne mögen, weil wir davon überzeugt sind, daß es sich auf unser Gesamtbefinden günstig auswirkt? Dieser Gedanke ist doch gar nicht so abwegig, wenn wir uns vergegenwärtigen, daß wir ja auch das Photo einer geliebten Person mit uns führen, von der wir uns einen guten Einfluß versprechen.

Einem ,,Verstandesmenschen" kommt das alles vielleicht recht seltsam vor. Wir sollten allerdings nicht vergessen, daß Kritik (hier im Sinne einer Abwertung oder Geringschätzung verstanden) häufig im Unwissen und in einer ,,verarmten" Geisteshaltung wurzelt. Versuchen Sie deshalb auch nie, solche Menschen eines Besseren belehren zu wollen. Sie werden höchstens ein müdes Lächeln ernten. Bleiben Sie sich vielmehr selbst treu, und lassen Sie den inneren Reichtum der Ausgewogenheit ,,ausstrahlen". Da wo die Wahrheit leuchtet, wird jeder Versuch einer Beweiserbringung in den Schatten gestellt.

Wenn Sie das voll erfaßt haben, wird Ihnen auch klar werden, daß es neben einer sinnvollen Verwendung von Kräutern noch zahlreiche andere Möglichkeiten gibt, geheilt zu werden. Man darf sich nur nicht in materialistischen Gedankengängen verrennen; man muß einsichtig werden.

Möglicherweise wird die Entdeckung des Wesens der Pflanze zum Ausgangspunkt Ihrer weiteren geistigen Entwicklung.

4. Einige Kräuter für Nieren, Haut und Augen

Goldrute (Solidago virgaurea)

Goldrute gehört zu den besten Nierenkräutern überhaupt. Es handelt sich dabei um eine Pflanze, die zum gefühlsbetonten Menschen paßt, d. h. zum Venus-Typ. Im Altertum galt Solidago bereits als wundheilendes Kraut (entsprechend den seelischen Traumen). Der Name sagt etwas über den hohen Wert der Pflanze aus.

Das Wort Solidago kommt von solidare, was soviel wie (die Gesundheit) festigen bedeutet. Goldrute paßt vornehmlich zu solchen Menschen, die sich in einer existenten Relation gefesselt fühlen. Der Betroffene hatte sich mit großen Hoffnungen an einen Partner gebunden und war enttäuscht worden. Am liebsten würde er die Beziehung abbrechen, da er sich innerlich vom Partner gelöst hat. Die Umstände jedoch sprechen dagegen (siehe 1. Kapitel). Das Gefühlsleben wird auf eine harte Probe gestellt.

Wenn so ein Mensch nicht mehr in der Lage ist, mit seinen Enttäuschungen fertigzuwerden, müssen die Nieren herhalten. In diesem Falle ist Solidago angezeigt. Goldrute regt nämlich die Nieren an und bewirkt stärkere Wasserausscheidung. Das ist sehr wichtig. *Wasser* entspricht nach der alten Lehre von den Elementen dem *Gefühl*. Korpulenz, die auf Wasseransammlungen im Körper zurückzuführen ist, tritt häufig bei Menschen auf, die ihre Gefühle zurückhalten. Da sie sie nicht zu äußern vermögen, bleibt auch das Wasser im Körper. Solidago hilft in solchen Fällen „über die Schwelle". Es unterstützt die Nierenfunktion und bringt die Gefühle wieder ins rechte Gleich-

Solidago virgaurea

gewicht. Bemühen Sie sich aber auch, Lösungen auf seelischem Gebiet und im Bereich der äußeren Umstände zu finden. Nur so lassen sich Dauererfolge erzielen.

Solidago wirkt reinigend. Es empfiehlt sich daher z. B. auch bei menstruationsbedingten Kopfschmerzen (Menstruation = Reinigung). Man nehme dann ein- bis zweimal täglich zehn bis fünfzehn Tropfen Solidago-Tinktur (beginnend kurz vor der Menstruation).

Bei Nierenbeschwerden gleich welcher Art nehme man über längere Zeit hinweg drei- bis viermal täglich zehn Tropfen Solidago-Tinktur. Man kann auch dreimal täglich eine Tasse Goldrutetee trinken (einen Eßlöffel Tee auf einen halben Liter Wasser). Gegebenenfalls – d. h. je nach Art der Erkrankung – darf man Solidago auch mit anderen Kräutern kombinieren.

Dorniger Hauhechel (Ononis spinosa)

Der Dornige Hauhechel eignet sich sehr gut, statt der gegenwärtig gern verordneten Entwässerungspräparate eingenommen zu werden. Wenngleich auch die Ärzte kaum einmal bei der Flüssigkeitsrückhaltung differenzieren (Wasser – Gefühle), so kommt man doch nicht um eine Nuancierung herum, wenn es um die eigentliche Ursache geht. Die Voraussetzung für eine Flüssigkeitsrückhaltung ist z. B. bei Solidago eine ganz andere als bei Ononis spinosa. Um herauszufinden, welches Mittel angebracht ist, muß man sich zunächst mit den Hintergründen der Wasseransammlungen befassen. Beim *Solidago-Typ* geht es wie gesagt um ein „Gefangensein" in einer bestimmten Bindung, gegen die sich die Gefühle auflehnen, ohne daß es einen Ausweg gäbe. Die Gefühle belasten dabei die Nieren. Der *Ononis-Typ* ist dagegen nicht Gefangener einer bestimmten Beziehung, sondern hält von Natur aus seine Gefühle zurück. Er scheut sich, sie zu äußern. Er ist sich darüber im klaren, daß er verwundbar wird, wenn er mit seinen Gefühlen „hausieren geht". Es wäre ihm auch zuwider, mit anderen über das zu sprechen, was ihn bewegt. Dieser Typ ist übrigens auch sonst ein bißchen zimperlich. Er wird beispielsweise mit einem erschrockenen Aufschrei aus dem Zimmer flüchten, wenn ein guter Bekannter eintritt und er noch nicht tipptopp angezogen ist.

Man möchte sich im wortwörtlichen Sinne keine Blöße geben – sei es in bezug auf Gefühle, sei es in bezug auf den Körper. Bei diesem Typ kommt es also nicht selten zu Wasseransammlungen im Körper und ebenso zu Obstipationen.

Dadurch reinigt sich der Körper (innerlich) nur unzureichend. Es kommt zu Ablagerung von Harnsäurekristallen und zu „Darmverschlackung".

Wer sich in dieser Schilderung wiedererkennt, der greife zu Dornigem Hauhechel. Damit lassen sich sei-

Ononis spinosa

ne Probleme besser lösen als mit Chemopharmaka, die nicht ganz ungefährlich sind, weil sie salzausscheidend wirken und mit den Schadstoffen auch das so dringend benötigte Kalium (-salz) aus dem Körper geschwemmt wird. Dann doch besser Ononis! Man nehme von der Tinktur drei- bis viermal täglich zehn bis fünfzehn Tropfen (je nach Situation). Den Tee (aus getrocknetem Dornigem Hauhechel) kann man auch mit anderen wassertreibenden Kräutern kombinieren (z. B. mit Sumpf-Spiraea, Birkenblättern, Erdbeerblättern, Brennessel) – nie aber mit Solidago, weil dieses Kraut nicht zum Ononis-Typ paßt.

Vergessen Sie aber nicht, neben Tropfen oder Tees vor allem an der Wurzel des Übels anzusetzen. Sie müssen lernen, Ihre Gefühle zu äußern! Zur Übung können Sie beispielsweise das, was Sie bewegt oder bedrückt, auf die Rückseite eines Stücks Tapete schreiben, das Sie sich dann ins Zimmer hängen oder an die Türe kleben. Sie haben dann Ihre Gefühle geäußert, sich gewissermaßen von Ihnen getrennt, ohne anderen etwas von dem zeigen zu müssen, was in Ihnen vorgeht, d. h. ohne Ihrer Wesensart zuwiderhandeln zu müssen. Auf diese Weise gewöhnen Sie sich daran, Ihre Gefühle zu äußern. Probieren Sie es ruhig einmal!

Brennessel (Urtica dioica bzw. Urtica urens)

Als Frühjahrsgemüse ist die Brennessel von großem Wert. Außerdem war sie früher wegen ihrer relativ starken Fasern von Bedeutung. Man benutzte diese zum Weben von Nesseltuch. H. Kleijn erzählt in seinem *Botanisch lexicon der lage landen* (Botanisches Lexikon des Tieflandes) folgende nette Mär über die Brennessel und das aus ihr verfertigte Nesseltuch:
Ein böser Vogt wollte seinem Mündel nicht eher die Heiratserlaubnis erteilen, ehe das Mädchen nicht aus einem am Wege wachsenden Unkraut – der Brennessel – sein Hochzeitskleid gemacht hatte. Es ging in sein Kämmerlein und bat Gott um Hilfe. Schließlich schlief es vor Erschöpfung ein. Ihm träumte, daß zwei Engel es zu den Brennesseln führten. Sie zeigten ihm, daß man die Pflanzen pflücken müsse, solange noch der Tau darauf liegt, und lehrten es, die Fasern zu Fäden zu spinnen und Nesseltuch daraus zu weben – Nesseltuch, aus dem es sich das Brautkleid nähen konnte. Das Mädchen machte sich am nächsten Tag an die Arbeit, als das Kleid aber fertig war, starb der Vogt, und es konnte heiraten.
Märchen haben stets einen tieferen Sinn – auch dieses. Wir können die Erzählung von der Brennessel so deuten:
Der böse Vogt symbolisiert den Menschen, von dem wir abhängig sind (und damit wird die unangenehme und im Grunde fragwürdige Relation gekennzeichnet). Solche Beziehungen trifft man im täglichen Leben immer wieder an. Es sind Relationen, die sich im Stoff, in der Materie bestätigen müssen. So forderte der Vogt denn auch etwas ,,Stoffliches" von seinem Mündel. Wenn man im Stofflichen gefangen ist, findet kaum eine geistige Entfaltung statt, man kommt im Leben schwerlich voran. Sobald man aber imstande ist, den materiellen Aspekt einer Relation dem geistigen Bewußtsein (im Märchen der Hochzeit) unter-

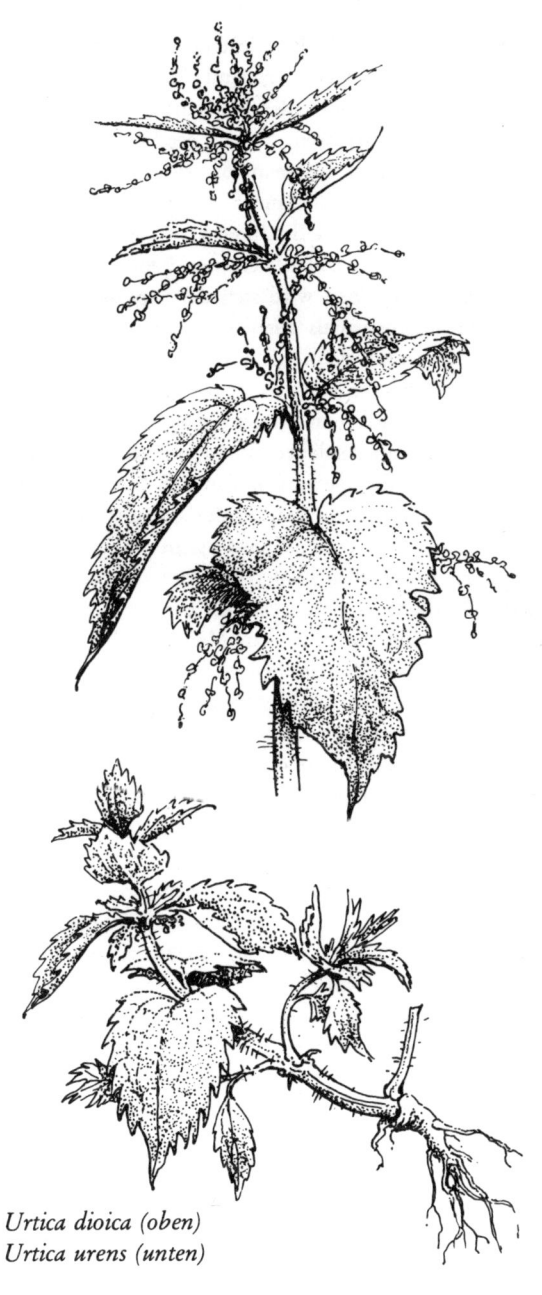

Urtica dioica (oben)
Urtica urens (unten)

zuordnen, erlischt die Überlegenheit des Materiellen (der Vogt stirbt). Der zu gehende Weg ist allerdings beschwerlich (Brennen der Nesseln). Ein Vergleich mit den Pubertätsjahren, die ja jeder Mensch durchmacht, bietet sich an: man löst sich unter großen Schwierigkeiten von den mehr oder minder beengenden und hemmenden Bindungen an das Elternhaus und versucht, sich auf die eigenen Beine zu stellen. Während dieser Zeit wird sich der heranwachsende Mensch auch erstmals der geistigen Werte bewußt. Der Körper muß dann viel aushalten. Vor allem das Gefühlsleben kann von dem überwältigt werden, was sich dem Jugendlichen auf geistigem Gebiet eröffnet. Die sich aus einer solchen Situation ergebenden körperlichen Symptome sind hinlänglich bekannt: vielfältige Hautleiden. In den Niederlanden sprach man früher auch von ,,Brand" im Gesicht.
Insofern ist es naheliegend, daß dort in der Brennessel ein heilwirksames Kraut gesehen wurde. Sie ist es in der Tat, denn sie hilft dem Menschen bei seinem Übergang von der Kindheitsphase zum Erwachsensein. Die Fasern (Fäden) symbolisieren die Bindungen (Relationen). Wir lernen ja in der Pubertätszeit, unsere Beziehungen zu gestalten − Beziehungen, bei denen es nicht mehr um das Verhältnis vom Kind zum Erwachsenen geht, sondern um das Verhältnis zwischen Erwachsenen.
Die Brennessel ist immer dann angezeigt, wenn der Mensch von den Folgen einer Phasenänderung überflutet (Wasser) wird. Jede Phasenänderung in unserem Leben entspricht einer Änderung unseres ,,Seins". Dadurch ziehen wir einen anderen Personenkreis an und müssen demnach auch andere Beziehungen knüpfen. Unser Gefühlsleben ist dann einer Fülle neuer Eindrücke ausgesetzt, die es zu verarbeiten gilt.
Bedienen Sie sich also der Brennessel bei Hautausschlägen, die unter den oben geschilderten Umstän-

den auftreten, vorzugsweise in Form von Tee aus dem getrockneten Kraut. Drei- oder viermal täglich eine Tasse davon wirkt ,,blutreinigend".

Es ist bekannt, daß junge Menschen in den Entwicklungsjahren oft unentschlossen und passiv sind. Sie werden — unbewußt — mit der neuen Situation noch nicht so recht fertig. Brennessel ist ein ,,Energiespender", der solchen Lebenslagen entspricht.

Lehren Sie ihre Kinder, mit der Brennessel schonend umzugehen und in ihr nicht nur ein lästiges Unkraut zu sehen. Es könnte sein, daß sie die Brennessel noch einmal brauchen. Daß diese Pflanze übrigens so wuchert, braucht uns nicht zu wundern, denn jedes Kind durchläuft die Pubertätszeit — und es gibt viele Kinder. Nehmen wir die uns von der Natur gegebenen Empfehlungen also dankbar an, und versuchen wir, aus ihnen zu lernen. Vielleicht veranlaßt uns die ,,lästige Brennessel" zum Nachdenken. Ein Mensch ist ja nie zu alt, um sich mit einer bevorstehenden neuen Lebensphase (bzw. neuen Möglichkeiten) einmal kritisch auseinanderzusetzen.

Kamille (Matricaria chamomilla)

Die Kamille ist ein Kraut mit breitgefächertem Anwendungsbereich, sie wirkt vielseitig. Eigentlich kommt bei allen körperlichen Beschwerden neben ganz spezifisch wirkenden Kräutern als Ergänzung auch die Kamille in Frage. Sie beeinflußt vornehmlich das Nervensystem und hier wieder besonders den Bereich der Empfindungen (Gefühle). In meinem Büchlein *Kräuter bei Streß und Nervosität* (Aurum Verlag) habe ich mich ausführlicher mit der Kamille befaßt. In wenigen Worten läßt sich über die Wirkung dieses Krautes folgendes sagen:
Kamille paßt zu Menschen, die mit ihren Gefühlen nirgends „landen", die also niemanden finden, der bereit ist, ihnen zuzuhören. Der Bau der Pflanze läßt auf ihre Wirkungsweise schließen. Die Blütenblätter beispielsweise, mit denen andere Gewächse oft „prahlen", sind nach hinten gestellt, das „goldene Herzchen" hingegen bietet sich dem Betrachter dar, als wollte es zu ihm sagen: „Sprich dich nur aus, ich habe meine Persönlichkeit hintangestellt, um dir besser zuhören zu können." Die Kamille wirkt stark krampflösend. Ein Krampf ist stets die Folge einer Spannungssituation. Wenn man nirgends „ein offenes Ohr" findet, ist man frustriert und folglich in allem Tun und Lassen verkrampft.
Die meisten Nierenbeschwerden sind auf Relationsstörungen zurückzuführen. Dabei kann es zu Verkrampfungen kommen – vor allem auf psychischem Gebiet. Der Betroffene hat vielleicht in bezug auf zwischenmenschliche Beziehungen so große Enttäuschungen erlebt, daß er anderen nicht mehr unbefangen gegenüberzutreten vermag. Eine derart „verkrampfte Haltung" kann das Zustandekommen neuer Relationen erschweren bzw. verhindern. Der Mensch gerät in einen Teufelskreis.
Außer Kräutern mit spezifischer Wirkung auf Nie-

Matricaria chamomilla

ren, Haut und Augen kann man die Kamille zur Harmonsierung des inneren Gleichgewichts verwenden. Nehmen Sie auf fünf Teile sonstiger Kräuter immer zwei Teile Kamille, wenn eine Situation wie die oben beschriebene vorliegt. Man kann auch Kamillentinktur verwenden. Am wirkungsvollsten ist sie in homöopathischer Verdünnung (mehr darüber in den Ausführungen über Homöopathie).
Der Wirkungsschwerpunkt der Kamille liegt in der Entkrampfung.

Sellerie (Apium graveolens)
und
Petersilie (Petroselinum crispum bzw. sativum)

Sowohl Sellerie als auch Petersilie sind als Küchenkräuter hinlänglich bekannt. Man darf sie nicht vom Markt mitzubringen vergessen, wenn man eine gute Suppe kochen will. Und legt man sich selbst ein Kräutergärtchen an, stehen Petersilie und Sellerie obenan auf der Liste des „Grünzeugs", das man zu ziehen gedenkt. Beide Kräuter sind allerdings nicht nur wohlschmeckend, sondern überdies auch heilkräftig und gesund.
Dodonaeus schreibt in seinem 1554 erschienenen *Cruydeboek* (Kräuterbuch) über Petersilie folgendes: „Die wortelen van dese Peterselie in water ghesoden ende gedroncken openen verstoptheit van der levere, van den nieren ende van allen den inwendighen leden / ende doen die vrine lossen / ende den steen ende dat graveel rijsen ende afgaen." (Die Wurzeln dieser Petersilie in Wasser gesotten und getrunken öffnen die Verstopfung der Leber, der Nieren und aller innerer Organe und lösen den Urin und den Stein und das Nierenaufsteigen und -abgehen.) Schließlich sagt Dodonaeus noch über dieses Kraut: „Die bladeren van dese Peterselie met broot vermenght / ghenesen die roode gheswollen ooghen." (Die Blätter dieser Petersilie mit Brot vermengt heilen rote und geschwollene Augen.)
Sellerie führt Wasser ab und ist ein gutes Mittel bei Nierensteinen. Man lasse eine Handvoll frischer Blätter in einem Liter Wasser eine Viertelstunde ziehen (nicht kochen!) und trinke diese Menge über den Tag verteilt. Petersilie wirkt überdies stark harnsäuretreibend (weswegen sie Rheuma- und Nierenkranken nur empfohlen werden kann).
Empfindsame Menschen tun gut daran, im Frühjahr und Sommer täglich ein wenig frisches Selleriegrün zu

Apium graveolens

sich zu nehmen. Dadurch lassen sich Nieren- und Augenbeschwerden vermeiden. Dieses Kraut wirkt ja stark wassertreibend — und bei einem ,,Gefühlsstau" kommt es im Körper oft auch zu einem ,,Flüssigkeitsstau".

Bei Augen- und Nierenerkrankungen kann man langfristig dreimal täglich fünfzehn Tropfen Petersilientinktur jeweils eine halbe Stunde vor den Mahlzeiten einnehmen.

Der alten Lehre von den Elementen zufolge paßt Petersilie vornehmlich zum Wasser- und zum Erdtyp (astrologisch: Wasser = Krebs, Skorpion und Fische — Erde = Stier, Jungfrau und Steinbock). Sellerie paßt zu den Feuer- und zu den Lufttypen (astrologisch: Feuer = Widder, Löwe und Schütze — Luft = Zwillinge, Waage und Wassermann).

Hat man beispielsweise im Geburtshoroskop die Sonne in einem Erdzeichen stehen und der Aszendent ist ein Feuerzeichen, so nimmt man am besten beide Kräuter.

Augentrost (Euphrasia officinalis)

Augentrost ist ein altbekanntes Heilkraut, das — wie schon der Name sagt — bei Augenkrankheiten Verwendung findet. Die Augen werden — neben ihrer eigentlichen Aufgabe des Sehens — häufig mit anderen Körperbereichen in Verbindung gebracht. Eine alte Redewendung bezeichnet die Augen als ,,Spiegel der Seele". Im Lucas-Evangelium 11,34 steht über das Auge geschrieben: ,,Die Leuchte deines Leibes ist dein Auge. Ist dein Auge gesund, so ist dein ganzer Leib erhellt; ist es aber krank, so ist dein ganzer Leib im Finstern." Das Auge ist also gewissermaßen das ,,Barometer der Seele".
Unsere Augen sagen einiges darüber aus, wie es um unser Gefühlsleben steht. In den ersten Kapiteln wurde bereits erwähnt, daß Augenleiden mit Störungen unseres Gefühlslebens zusammenhängen. Wenn wir es ,,einfach nicht mehr mitansehen können", reagieren unsere Augen entsprechend, das Sehvermögen läßt nach. Dadurch aber, daß wir physisch und psychisch weniger sehen, befällt uns Niedergeschlagenheit. Je weniger wir jedoch sehen, desto weniger Möglichkeiten haben wir auch, mit unserer Umwelt in Kontakt zu kommen. Das Geheimnis dieses Krautes zeigt sich uns schon in seinem botanischem Namen, Euphrasia. Er leitet sich ab aus dem griechischen Wort *eufraino*, was soviel wie erfreuen, froh machen, erheitern heißt. Man hat diese Pflanze also nach den Begleiterscheinungen ihrer Wirkung benannt. Wenn das Auge geheilt war, wurde die Seele froh. Oder anders ausgedrückt: Wenn das Auge gesund war, war auch der gesamte Leib erhellt. Es gibt im ganzen Körper kein Organ, das so vom relationalen Aspekt des Menschen betroffen ist, wie das Auge. Die deutsche Bezeichnung Augentrost suggeriert gleichfalls etwas über die Wirkung dieses Krautes: Das *Trösten* als Begriff aus dem Bereich des Psychi-

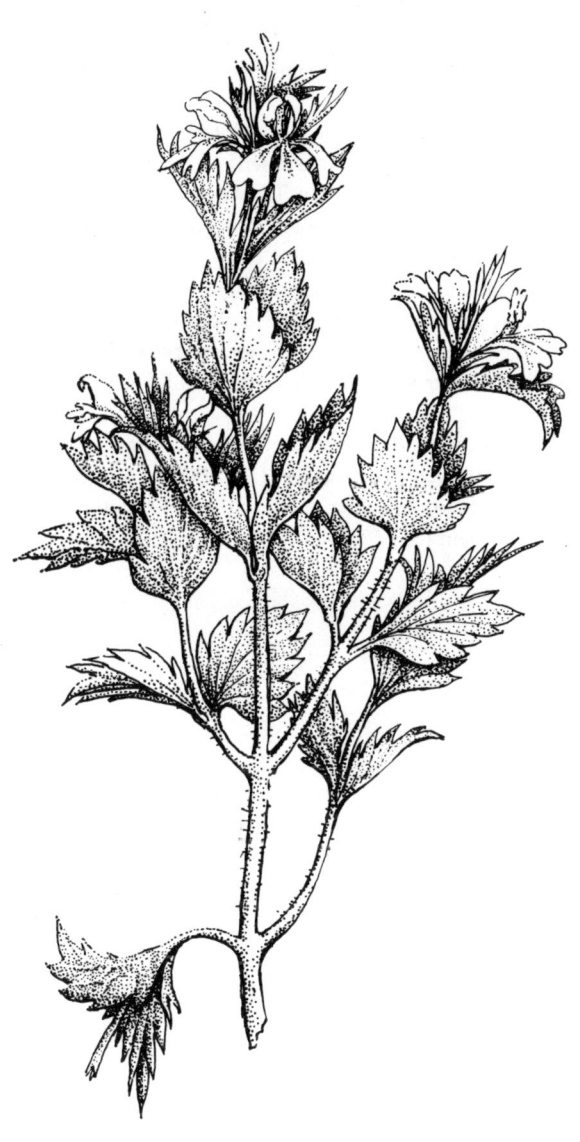

Euphrasia officinalis

schen wird mit dem organischen *Auge* in Beziehung gesetzt: *Augentrost*.

Bei Augenbeschwerden gleich welcher Art kann man Augentrost-Tinktur einnehmen — und zwar dreimal täglich zehn bis fünfzehn Tropfen vor den Mahlzeiten. Bei Entzündungen kann man die Augen auch mit abgekochtem Wasser, dem einige Tropfen Tinktur zugesetzt sind, spülen. Überzeugen Sie sich aber, daß nichts „Unrechtes" in der Flüssigkeit ist, in der die Augen mehrmals täglich gebadet werden. Auch bei Grauem Star kann man Augentrost äußerlich anwenden.

Bedenken Sie, daß es in den Sprüchen Salomos heißt: „Ein fröhlich Herz macht das Leben lustig (sprich: die Medizin gut), aber ein betrübter Mut vertrocknet das Gebein (Spr.17,22)."

Arnika (Arnica montana)

Gelegentlich treten bei Spannungen im Gefühlsbereich Ekzeme auf. Es handelt sich dabei um Spannungen, die durch den Abbruch einer bestehenden Beziehung entstanden sind, der in geistiger und/oder gesellschaftlicher Hinsicht mit einem Abstieg bzw. „Sturz" verbunden ist. Das, was man aufgebaut zu haben meinte, geht durch die Lösung der Bindung in Trümmer, und man steht auf einmal ganz allein in der Welt — so empfindet man es zumindest. Häufig hat der Betroffene dann keinen Mumm mehr, irgendwo neu anzufangen, sondern hockt den ganzen Tag auf einem Stuhl herum und starrt Löcher in die Luft. Er ist außerstande, seine Gefühle zu äußern, geschweige neue Beziehungen zu knüpfen. Die Nierentätigkeit läßt zu wünschen übrig, und das Blut wird nur unzulänglich gereinigt. Aber die Schadstoffe müssen ja irgendwohin ... es erfolgt also eine Entgiftung durch die Haut, es kommt zu Ekzembildung. In diesen Fällen ist Arnika angebracht.
Man wäscht die Haut mit verdünnter Arnika-Tinktur (20 Tropfen auf ein Schüsselchen lauwarmen Wassers) und kann außerdem Arnika auch innerlich anwenden in Form einer homöopathischen Verdünnung (siehe 5. Kapitel). Arnika hilft uns, die Folgen des geistigen bzw. gesellschaftlichen „Sturzes" zu überwinden, fördert das Regenerationsvermögen der Haut und stützt zugleich das Nervensystem.

Arnica montana

Kolben-Bärlapp (Lycopodium clavatum)

Diese recht merkwürdige Pflanze paßt vornehmlich zu kleinen Kindern oder auch zu alten Menschen. In der Einleitung wurde schon die Situation angesprochen, in die ältere Menschen oft geraten; ich meine den Lebensabend in jener gesellschaftspolitisch vorzüglich arrangierten Einrichtung, die man Altenheim nennt. Man soll zwar nicht verallgemeinern, aber es kommt doch immer wieder vor, daß die Betagten in einem solchen Heim kaum noch die Möglichkeit haben, ihre Gefühle zum Ausdruck zu bringen. Die Umstände sind so geartet, daß der Betroffene sein „Ich" verliert und damit auch seine Empfindungen. Viele ältere Menschen werden dann von der (häufig gespielten) Freundlichkeit des Personals geradezu erschlagen; sie wissen damit nichts anzufangen und empfinden das neckische „Omale" und „Opale" eher entwürdigend. Man behandelt sie durch die Bank wie unmündige Kinder und fegt gewissermaßen all ihre Lebenserfahrungen einfach vom Tisch. Nicht selten aber ist es für Bejahrte eine besondere Freude, sich der jüngeren Generation mitzuteilen, sie an dem teilhaben zu lassen, was sie an Erkenntnissen und Einsichten im Laufe ihres Lebens gesammelt haben. Ältere, gereifte Menschen *können* nämlich durchaus einen positiven Einfluß auf andere ausüben. Doch in einem Altenheim ist die Lebenserfahrung des Herrn X nicht sonderlich gefragt. Und die fehlende Gelegenheit, Empfindungen und Gefühle zum Ausdruck bringen zu können, rächt sich. Ein häufiges Übel ist unzulängliche Nierentätigkeit. Was macht's schon? Es gibt ja genug Entwässerungspräparate! Der behandelnde Arzt verschreibt sie gern, um so mehr als „Opas" Blutdruck in letzter Zeit, d. h. seit der Betroffene im Altersheim wohnt, ziemlich hoch ist. Aber . . . wie schon bei den Ausführungen über den Dornigen Hauhechel erwähnt, schwemmen die Entwässerungs-

Lycopodium clavatum

präparate u. a. auch Kalium- und Natriumsalze aus. Astrologisch ist das Salz dem Merkur zugeordnet, dem *Denken* also. Salzmangel macht lustlos und gleichgültig; der Betroffene wird stumpfsinnig, kann nicht mehr denken. Entwässerungspräparate berauben den Menschen im Grunde seines Denkvermögens.

Bärlapp wirkt sich vornehmlich auf Leber und Nieren aus. Er stärkt das „Ich" und erhöht die Widerstandskraft gegen die (mißlichen) Lebensumstände. Die Verwendung von Bärlapp und Ononis (je nach Typ eventuell auch Goldrute) kann bei älteren Menschen Gemütskrankheiten verhindern helfen. Bärlapp wird stets in homöopathischer Verdünnung verwendet (siehe 5. Kapitel).

Zusammenfassend läßt sich sagen, daß Bärlapp (Lycopodium) als Heilkraut bei kleinen Kindern und Betagten in Frage kommt, deren Gefühlsleben durch die „Tyrannei der Umstände" beeinträchtigt wird. Lycopodium kann ebenso wie Kamille eine organbezogene Therapie unterstützen.

Schlehdorn (prunus spinosa)

Der Schleh- oder Schwarzdorn ist von blutreinigender Wirkung. Petrus Nylandt schreibt in seinem 1682 erschienenen Werk *De Nederlandse Herbarius of Kruydt-boeck* (Das niederländische Herbarien- oder Kräuterbuch) über den Schlehdorn: „De bloemen maecken den Buyck weeck ende suyveren de Nieren." (Die Blüten machen den Leib weich und reinigen die Nieren.) Prunus spinosus paßt zu dem leicht aufbrausenden Typ, dem seine Nieren zu schaffen machen. Bei diesen Menschen müssen die gestauten Gefühle gewaltsam ausgetrieben werden. Dies kann sogar dazu führen, daß es zu Nierendefekten und -blutungen kommt. Wie alle Vertreter der Rosaceae (Rosengewächse) wirkt auch Schlehdorn zusammenziehend, was bei Blutungen sehr angebracht ist. Sollte es also beim Abgang von Nierensteinen zu Blutungen im Bereich der Harnwege kommen, kann man zu Schlehdorn greifen. Vielfach bedient man sich der Tinktur, von der man zwei- bis viermal täglich zehn Tropfen nimmt.

Schlehdorn wirkt sich auf den gesamten Stoffwechsel regulierend aus. Deshalb verabreicht man die Tinktur auch bei *Fettsucht* (sofern diese nicht durch zu üppiges Essen bedingt ist). Bei Nierenblutungen nimmt man Schlehdorn am besten im Wechsel mit Tormentille (Ruhrwurz).

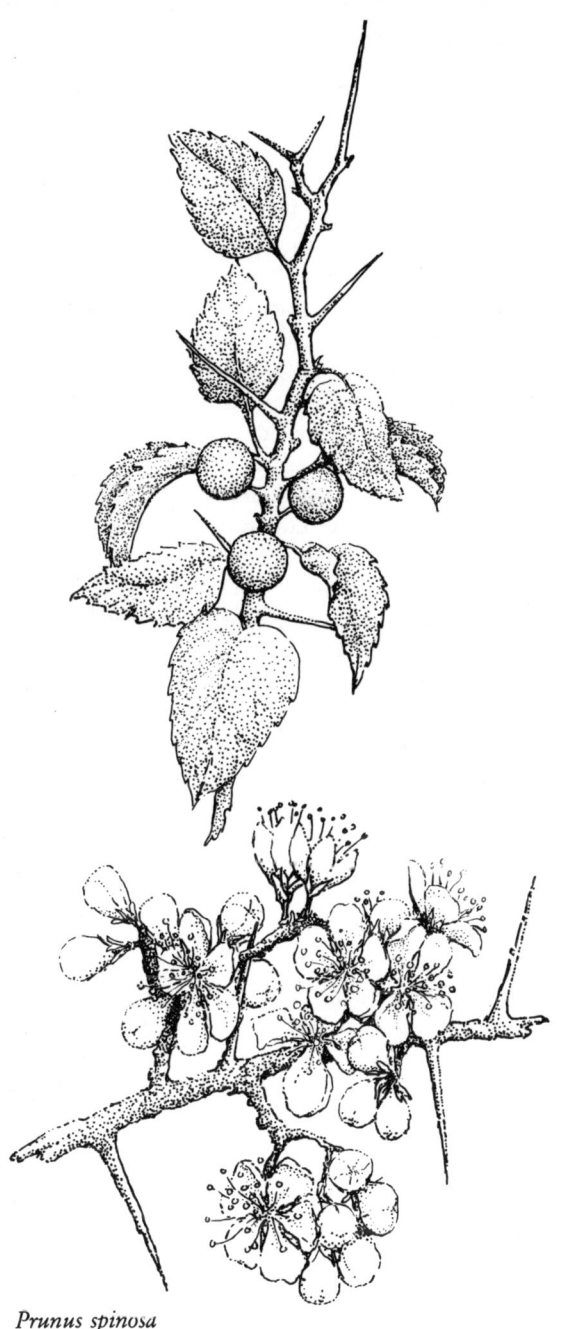

Prunus spinosa

Färberröte (Rubia tinctorum)

Dr. Vogel stellt aus der Wurzel dieser Pflanze Tabletten gegen Nieren- und Gallensteine her. Rubia tinctorum, kombiniert mit Polygonum (Knöterich), ist unter der Firmenbezeichnung *Polygorubia* in Tablettenform auf dem Markt. Petrus Nylandt schreibt in seinem oben genannten Buch über Färberröte: „Voor verstoptheyt van de Lever, Milt en Nieren: Neemt van de Wortel twee loot / zied het op Wijn ende Water van elck een half pint / tot dat een derdendeel verzoden is / doorgezegen zijnde / laet hier van een roemertje vol tweemael daegs in-nemen." (Gegen Verstopfung von Leber, Milz und Nieren: Man nehme von der Wurzel zwei Lot, siede sie mit Wein und Wasser je ein halbes Pint, (Anm.: 1 Pint = 0,568 Liter), bis die Menge auf zwei Drittel eingekocht ist, lasse alles gut ziehen und gebe davon zweimal täglich einen kleinen Römer voll.)

Unter „Verstopfung" verstand man früher, daß die betreffenden Organe durch Steine oder Verwachsungen in ihrer Funktion beeinträchtigt waren. Dr. Vogel hat mit den Tabletten die besten Erfahrungen gemacht, so daß man sie gegen Nierensteine nur empfehlen kann. Man vermag die Wirkung der Rubia-Tabletten durch Solidago-Tee zu unterstützen; beide führen Wasser ab.

Eine Rubia-Kur geht folgendermaßen vor sich: Man nimmt eine Packung Polygorubia-Tabletten nach beiliegender Anweisung. Während dieser Zeit trinke man möglichst wenig. Danach setzt man die Kur für eine Woche aus, während der man sehr viel Flüssigkeit zu sich nehmen sollte (u. a. reichlich Goldrute-Tee). Anschließend erfolgt abermals Einnahme einer Packung Tabletten. Auch hiernach trinke man wieder reichlich. Vielfach lösen sich daraufhin die Steine allmählich. Jedes Vierteljahr sollte man die Kur wiederholen.

Rubia tinctorum

(Winter-) Lindenblüten (Tilia cordata)

Wir können uns nichts Schöneres vorstellen, als an einem warmen Sommerabend unter dem imposanten Blätterdach einer alten Linde zu sitzen. Wenn man nach des Tages Arbeit rechtschaffen müde und nicht mehr zu irgendwelchen Unternehmungen aufgelegt ist, dann bietet einem die Linde Ruhe und Abkühlung. Lindenblütentee wird seit eh und je als schweißtreibendes Mittel verwendet – beispielsweise bei fieberhaften Erkältungen, vor allem, wenn diese ohne Transpiration verlaufen. Trinkt man dann immer wieder mal ein Schlückchen Lindenblütentee, so werden die Schweißdrüsen stimuliert, und das Fieber sinkt. Die Linde paßt gut zum gefühlsbetonten Typ, zu dem Menschen also, der wie eine „offene Schale" stets bereit ist, Eindrücke aus seiner Umwelt aufzunehmen. Keine noch so feine Vibration entgeht ihm, jeder Reiz wird registriert. Solche Menschen tun sich freilich oft recht schwer damit, all die vielen Eindrücke zu verarbeiten. Beim Lindenblüten-Typ stauen sich die Empfindungen vor allem im Bereich der Beine (einschließlich der Füße) und des Kopfes. An den Beinen zeigt sich das durch Flüssigkeitsansammlungen im Gewebe („geschwollene Beine"), im Kopf durch Schwindelanfälle und epilepsieähnliche Zustände. Gegen geschwollene Beine empfiehlt Petrus Nylandt folgendes: „Neemt de bladeren van den Lindenboom, soo veel van nooden is / koockt die in water tot een pap / en slaet het om de gezwolle beenen." (Man nehme von den Blättern eines Lindenbaums soviel wie benötigt werden, koche sie in Wasser zu Brei und mache damit Umschläge um die geschwollenen Beine.) Wenn sich „alles im Kopf dreht" rät Petrus Nylandt: „Gebruyckt het gedisteleerde water van Lindebloeysel / als mede Conserf van selve Bloemen bereyt." (man nehme das destillierte Wasser von Lindenblüten sowie eine aus diesen Blüten bereitete Konserve.)

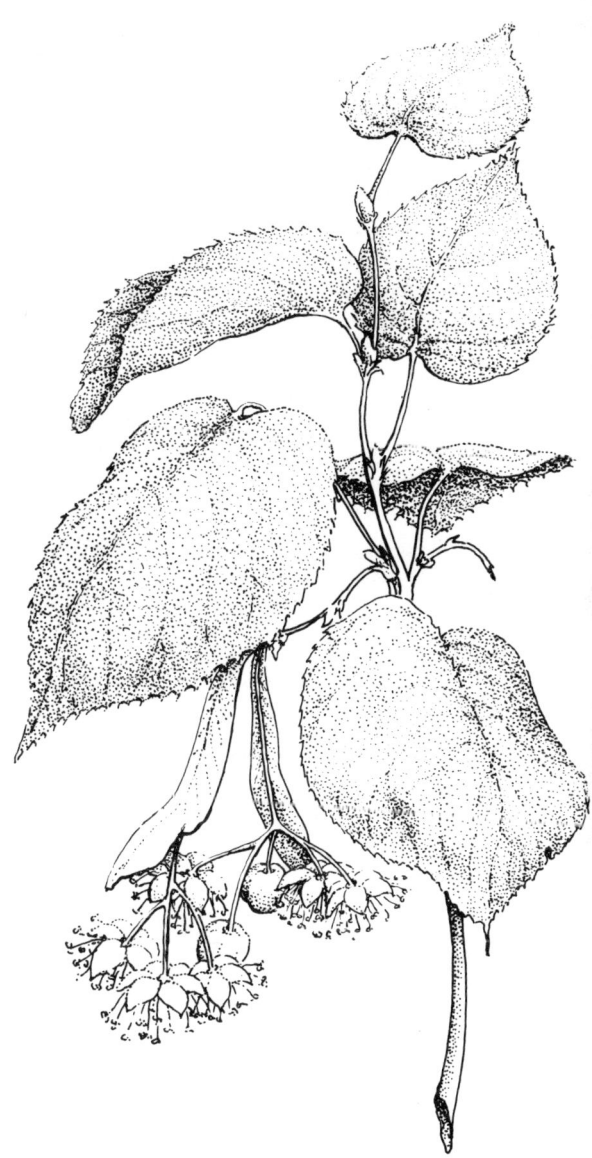

Tilia cordata

Zusammenfassend kann man sagen, daß Tee aus Blüten und Blättern der Linde bei Wasseransammlungen in den Beinen Erleichterung verschafft; auch ein Brei aus Lindenblättern ist empfehlenswert. Die Lindenblüte wirkt reinigend und stoffwechselanregend.
Lindenblütentee läßt sich sehr gut mit Solidago und Melisse mischen. Dreimal täglich eine Tasse dieses Tees ist ein probates Mittel gegen ödematöse Schwellungen aller Art, vor allem in der unteren Körperpartie.

Melisse (Melissa officinalis)

Wenn wir in der Pflanzenwelt nach einem trostspendenden Kraut Ausschau halten, können wir kein besseres als die Melisse finden. Sie eignet sich vorzüglich für Menschen, die mit ihren Empfindungen nicht mehr ein noch aus wissen und schier überflutet werden von disharmonischen Eindrücken und Tendenzen.

Im Namen dieser Pflanze finden wir das lateinische Wort ,,mel", d. h. Honig. Und die ganze Melisse steht auch im Zeichen ,,trostbringender Süße". Denken Sie nur an die Mutter, der es an der nötigen Zeit fehlt, ihr Kind wahrhaft zu trösten. Sie sagt vielmehr: ,,Hier hast du einen feinen Bonbon (Süßigkeit), wenn du den gelutscht hast, ist alles wieder gut." In solchen Fällen muß die Süßigkeit leider die Mutterliebe ersetzen.

Was Lycopodium für kleine Kinder und Betagte ist, das bedeutet die Melisse für die Altersgruppen zwischen diesen beiden Extremen. Nieren-, Haut- und Augenerkrankungen lassen sich vermeiden, wenn man beizeiten sein Gefühlsleben durch die Verwendung von Melisse reguliert. Dieses Kraut harmonisiert die Empfindungen eines Menschen, der in seelischer Hinsicht manchen ,,Knuff" hat einstecken müssen, ohne einer solchen psychischen Belastung gewachsen zu sein. Jener Menschentyp hingegen, der in sich gefestigt ist und nach außen hin sogar ,,hart" erscheinen mag, bedarf der Melisse nicht. Dieses Kraut entspricht eher dem sanften, stets besorgten Typ, der im Grunde mit den unerbittlichen Realitäten nicht fertig wird, wie sie in unserer gegenwärtigen Gesellschaftsordnung ja gang und gäbe sind.

So geartete Menschen tun gut daran, täglich zwei- bis dreimal zehn oder fünfzehn Tropfen Melissetinktur zu nehmen. Häufigkeit und Menge können nach eigenem Ermessen variiert werden. Von frischer Melisse

Melissa officinalis

läßt sich ein wunderbar kühlender Tee bereiten. Vier bis fünf Blättchen genügen für zwei Tassen.

Melisse wirkt auch blutdrucksenkend, vor allem wenn der Bluthochdruck durch unzureichende Nierenfunktion ausgelöst ist. Sie müssen stets die Zusammenhänge im Auge behalten!

5. Einige Möglichkeiten aus dem Bereich der Homöopathie

Die homöopathische Heilbehandlung geht von ganz anderen Grundsätzen aus als die Kräuterheilkunde. Letztere bedient sich der Pflanzen in konzentrierter Form. Haben wir es mit einer Tinktur zu tun, so sprechen wir dann von „Urtinktur". Sie ist auf dem Fläschchen durch einen Kreis mit Schrägbalken, also ⌀, gekennzeichnet. Das homöopathische Prinzip hingegen basiert auf einer von Fall zu Fall verschiedenen, oft hochgradigen Verdünnung der Substanzen. Der Mann, der die Homöopathie wiederentdeckt und weiterentwickelt hat, ist der in den Jahren von 1755 bis 1843 lebende deutsche Arzt Samuel Friedrich Christian Hahnemann. Er wies nach, daß bestimmte Stoffe (Pflanzen, Minerale, Metalle usw.) unverdünnt krankmachen, diese Krankheit jedoch heilen können, wenn man sie in stark verdünnter Form verabreicht. Dieses Prinzip faßte er in dem weltweit bekannten Satz zusammen: „Similia similibus curentur", was soviel heißt wie: „Gleiches mit Gleichem heilen."

Die (graduell unterschiedlichen) Verdünnungen werden in der Homöopathie als *Potenzen* bezeichnet. Potenz ist ein anderes Wort für Kraft. Man sollte nun meinen, daß ein Stoff mit zunehmender Verdünnung mehr und mehr an Kraft einbüße. In Wirklichkeit verhält es sich allerdings etwas anders. Je nachdem, wie man eine Substanz verdünnt, setzt man damit Kräfte frei. Je stärker also die Verdünnung, desto größer die Kraft. Für die Praxis bedeutet das: Je höherpotenziert eine Substanz ist, desto tiefgreifender ist ihre Wirkung auf uns.

Der Verdünnungsgrad, d. h. die Potenz, wird durch eine Zahl mit vorangestelltem großem D angegeben.

Das D steht für Dezimalverdünnung. Auf homöopathischen Präparaten sind die Potenzen stets angegeben; d. h. D1 = 1 : 10, D2 = 1 : 100, D4 = 1 : 10 000. Bis zu einem Verdünnungsgrad von D12 spricht man von niedrigen, bei D12 – D30 von mittleren und darüber von hohen Potenzen. Bei akuten Krankheiten verabreicht man im allgemeinen die niedrigen Potenzen, bei chronischen Leiden die höheren. Man kann zudem davon ausgehen, daß die niedrigen Potenzen mehr auf die Materie wirken, die höheren mehr auf den Geist. So sind Fälle bekannt, in denen schwere Geisteskrankheiten geheilt wurden durch die Verabreichung bestimmter Stoffe in der Potenz D1000 (!).

Für Nieren, Haut und Augen kommen an homöopathischen Mitteln in Frage Apis, Kalium arsenicosum, Natrium sulfuricum, Lycopodium, Arnica, Chamomilla, Argentum nitricum, Cineraria maritima, Sulfur und Acidum nitricum.

Apis

Apis ist homöopathisch verdünntes Bienengift, das bei akuten Nierenentzündungen verabreicht wird. An Symptomen sind zu nennen: ödematöse Schwellungen, wenig Urin, Schläfrigkeit, *kein Durst*. Man schlucke dann von Apis D3 bis D6 viermal täglich fünf Tropfen. Bei hohem Fieber kann man zusätzlich noch Belladonna oder Aconitum nehmen.

Kalium arsenicosum

Kalium arsenicosum ist angezeigt bei chronischer Nierenentzündung, die sich u. a. äußert in starkem Gewichtsverlust, trockener und schlaffer Haut, Atemnot, ödematös geschwollenen Beinen, Unzufriedenheit (manchmal Nörgeleien über ganz belang-

lose Dinge) und in chronischen Ekzemen, die in der Wärme zu jucken beginnen.
Man verwendet die Potenzen D3 und D4; dreimal täglich fünf Körnchen reichen aus. Man sollte die homöopathische Behandlung durch einen guten Kräutertee unterstützen und vor allem – das ist besonders wichtig – die Wurzel des Übels ermitteln und dort ansetzen.

Natrium sulfuricum

Außer den bereits genannten Mitteln kann man auch Natrium sulfuricum bei Nierensteinen verwenden. Ein Leitsymptom ist die Verschlimmerung der Beschwerden bei feuchtem Wetter. Nierensteinpatienten sollten also nicht in einem feuchten Haus wohnen. Von Natrium sulfuricum D6 nimmt man viermal täglich drei Körnchen jeweils eine Viertelstunde vor den Mahlzeiten.

Lycopodium

Lycopodium (Bärlapp) fand bei den Ausführungen über Kräuter schon besondere Beachtung. Man verwende es da, wo es angezeigt ist, in der Potenz D30 – und zwar genügt es, einmal wöchentlich fünf Körnchen zu nehmen.
Bei Verwendung von Lycopodium D6 oder D12 kann die Bildung neuer Nierensteine nicht ausgeschlossen werden.
Lycopodium wirkt nicht nur ,,ich-stärkend", es regt auch den Stoffwechsel an. Häufig finden wir Nierensteine als Folge von Leberfunktionsstörungen. Dr. Voorhoeve vertritt die Auffassung, daß Lycopodium auf Uratsteine einwirkt. Es ist ein hochwertiges Mittel!

Arnica

Arnica kann man peroral bei Nierenblutungen verabreichen — und zwar in den Potenzen D4 oder D6. Will man aber seelische Überlastungen harmonisieren, verwende man besser die Potenz D30 und darüber — sogar bis zu D200. Bei den Ausführungen über die einzelnen Kräuter bin ich ja bereits näher auf die Arnika eingegangen. Von Arnica D30 nehme man alle vierzehn Tage fünf Körnchen; bei der Potenz D200 genügt es schon, alle zwei bis drei Monate fünf Körnchen einzunehmen.

Chamomilla

Zur Unterstützung der mehr organbezogenen Therapie mit Kräutern oder homöopathischen Mitteln kann man Chamomilla D6 bis D12 einnehmen. In diesen Potenzen wirkt Kamillentinktur vornehmlich heilsam auf das Seelenleben. Man erinnere sich dessen, was in diesem Zusammenhang im 4. Kapitel über Kamille gesagt wurde.

Argentum nitricum

Argentum nitricum gehört zu den wichtigsten Mitteln, die für eine Augenbehandlung in Frage kommen. Es handelt sich dabei um homöopathisch verdünntes Silbernitrat, das vor allem bei eitrigen Augenentzündungen verwendet wird. In Abhängigkeit vom Konstitutionstyp kommen die Potenzen D6 oder D30 in Frage. Von D6 nehme man dreimal täglich fünf Körnchen, von D30 einmal fünf Körnchen in der Woche.

In meinem Buch *Gesund sein mit Metallen* (Aurum Verlag) bin ich ausführlich auf die Hintergründe der

Heilkraft des Silbers eingegangen. Hier will ich mich auf die Feststellung beschränken, daß Silber dem kosmischen Mondprinzip entspricht. Der Mond versinnbildlicht das Widerspiegelungsvermögen des Menschen. Glas, dessen Rückseite mit einer Silberschicht versehen ist, wird zu einem Spiegel. Blicken wir in den Spiegel, so sehen wir unser Ebenbild; es ist die Reaktion auf unser „Ich".

Wie bereits gesagt, sind die Augen als *Spiegel* der Seele anzusehen. Mittels der Augen spiegeln wir unsere Gemütsverfassung, unsere Empfindungen (Seele) wider. Wenn wir uns das durch den Kopf gehen lassen, merken wir, daß alle genannten Äußerungsformen (Augen, Silber, Widerspiegelung, Mond, Reaktionsvermögen usw.) einander entsprechen, d. h. analog sind. Silber paßt also in das gleiche Grundschema wie die Augen. Silber und Augen sind einander gewissermaßen verwandt.

Cineraria maritima

Dr. Voorhoeve schreibt im Buch *Homoeopathie in de praktijk* (Homöopathie in der Praxis) über dieses Mittel: „Een klassiek middel voor *grijze staar* is Cineraria maritima, de asplant of zilvereik, die in het Nabije Oosten inheems is . . ." (Ein klassisches Mittel gegen *Grauen Star* ist die im Nahen Osten beheimatete Aschenpflanze oder Silbereiche (Anm.: Die irreführende Bezeichnung „Silbereiche" wird in Deutschland nicht gebraucht.) Eine deutsche Arzneimittelfima stellt daraus Augentropfen her, die unter der Bezeichnung *Cineralyt* vertrieben werden. Man gebe davon einmal täglich einen Tropfen in den äußeren Augenwinkel und verteile die Flüssigkeit durch behutsames Reiben zum inneren Augenwinkel hin. Anfangs tritt gelegentlich ein leichtes Brennen auf, welches als Zeichen dafür angesehen werden kann,

daß das Auge auf die Behandlung günstig reagiert. Nach etwa vierzehntägiger Anwendung muß man eine Woche pausieren.
In Anbetracht der guten Erfolge, die mit Cineralyt erzielt wurden, wollte ich Ihnen dieses Zitat nicht vorenthalten.

Sulfur

Sulfur (Schwefel) ist eines der wichtigsten homöopathischen Mittel überhaupt. Seine Wirkung ist so vielfältig, daß sich darüber ein ganzes Buch schreiben ließe.
Einerseits ist es schade, daß ich mich im Rahmen dieser Ausführungen nicht eingehender mit dem Schwefel befassen kann, andererseits ist er aber doch zu wichtig, um nicht erwähnt zu werden.
Schwefel wirkt stark reinigend. Denken wir in diesem Zusammenhang nur daran, daß man ihn früher zum Ausschwefeln (Desinfizieren, Reinigen) von Fässern und Einlegegefäßen benutzte.
Es gibt Menschen, die dazu neigen, alles ,,Unsaubere'' — Schmutz, wenn man so will — direkt anzuziehen (wobei vornehmlich an ,,geistigen Unrat'' — man könnte auch von ,,karmanischen Schlacken'' sprechen — gedacht ist). Sie tun dies nicht bewußt, sondern im Zuge ihres Lebensschemas. Der Schwefelmensch lebt ,,unrein''; echte Lebensfreude ist ihm fremd. Und diese innere Unsauberkeit kommt immer irgenwie zum Ausbruch — vor allem bei Augen und Haut. Wir treffen bei diesem Typ häufig Ekzeme, bestimmte Formen von Akne und Augenleiden an. Treten dabei zugleich die nachstehend beschriebenen psychischen Symptome auf, dann kommt auf jeden Fall Sulfur als hochwirksames Heilmittel in Betracht.
Psychische Begleiterscheinungen der Sulfur-Leiden:
Der Betroffene ist egoistisch, nimmt kaum Rücksicht

auf andere, zeigt wenig Interesse für geschäftliche Angelegenheiten, er ist vergeßlich, jedes Nachdenken kostet ihn Mühe, er macht sich leicht Illusionen, ist schnell verunsichert, häufig deprimiert, manchmal ziemlich mißtrauisch. Trotz guter Ernährung bleibt er meist schwächlich bis mager.

Wer solche körperlichen und seelischen Anzeichen bei sich feststellt, nehme dreimal täglich fünf Körnchen Sulfur D6 jeweils eine halbe Stunde vor den Mahlzeiten. Sulfur vertreibt den „Unrat" und macht einen „reinen Menschen" aus dem Betroffenen.

Acidum nitricum

Manche körperlichen Symptome lassen sich erklären, ohne daß man mit der Erklärung den Kern des Übels getroffen hätte. Dies ist vielfach bei *rissiger* oder gar *schrundiger* Haut der Fall, denn leiden wir unter „aufgesprungenen Händen", so machen wir „der Hände Arbeit" dafür verantwortlich; tritt das Übel im Afterbereich auf, halten wir harten Stuhlgang für das auslösende Moment. Die eigentlichen Gründe aber kennen Sie erst, wenn Sie den Inhalt der Eingangskapitel dieses Büchleins erfaßt haben. Hautöffnungen wie feine Risse, Rhagaden, Schrunden usw. sind im Grunde „Notwehrmaßnahmen" des Körpers. „Gefühlsstaus verschaffen sich Luft durch die aufgesprungene Haut."

Das „Zuschmieren" solcher Hautpartien mit Cremes oder Salben bewirkt somit eigentlich, daß der „Ausweg", der geschaffen wurde, wieder verlegt ist. Sinnvoller wäre es, solchen Hauterkrankungen mit einem guten Nierentee (Solidago, Ononis o. drgl.) entgegenzuwirken. Dadurch werden die Nieren aktiviert und das Blut durch die Nieren gereinigt, so daß sich die „Verunreinigungen" keinen Ausweg mehr durch die Haut zu suchen brauchen.

Bei schmerzhaften, tiefen evtl. eiternden Schrunden ist das Einnehmen von dreimal täglich fünf Körnchen bzw. Tropfen Acidum nitricum D4 empfehlenswert.

Die hier genannten Mittel können Sie in der Apotheke beziehen oder — sofern sie nicht vorrätig sind — durch Ihren Apotheker bestellen lassen, der Ihnen auch sagen kann, in welcher Form das von Ihnen gewünschte Mittel erhältlich ist. Dabei unterscheidet man Tropfen, Körnchen und Tabletten. Meist bestellt man 10 g — das ist soviel, wie man für eine ,,Kur" im allgemeinen benötigt. Grundsätzlich ist es möglich, jede gewünschte Potenz herzustellen; man bedient sich jedoch meist der Standardverdünnungen. Weicht man davon ab, muß man eine gewisse Zubereitungszeit einkalkulieren, die nur in besonderen Fällen länger als 24 Stunden währt. Will Ihnen also ein Apotheker weismachen, eine bestimmte Potenz sei nicht lieferbar, so können Sie ihm getrost freundlich, doch entschieden widersprechen. Auf dem Etikett des Fläschchens ist dann vermerkt, daß es sich um eine Sonderanfertigung handelt (meist mit einem Preisaufschlag verbunden), die nicht zurückgenommen werden kann.

Schließlich sei noch der Besuch eines guten Homöopathen empfohlen, der über die nötige Erfahrung im Analysieren eines Krankheitsbildes und Ermitteln des heilwirksamen Präparats verfügt. Das ist jedenfalls besser, als selbst an einer Krankheit endlos ,,herumzudoktern", ohne wirkliche Erfolge zu erzielen.

Die hier angeführten Mittel können Sie allerdings unter den gegebenen Voraussetzungen bedenkenlos verwenden. Erzielen Sie damit keine Besserung, sollten Sie sich aber doch an einen Facharzt wenden.

6. Unsere tägliche Nahrung als Arznei

Die Welt, in der wir leben, ist voller Widersprüche. Dafür lassen sich viele Beispiele anführen. Bei einem dieser Widersprüche wollen wir länger verweilen. Es geht um die Ernährung. Einerseits ist sich die Wissenschaft der eminenten Bedeutung unserer Ernährung für die Gesundheit bewußt, zum anderen läßt sie sich durch nichts und niemanden davon abhalten, ständig neue Produkte zu entwickeln, die unsere Gesundheit attackieren.
Ja, wenn man die Fülle der verschiedenartigsten Erzeugnisse der Lebensmittelindustrie in den Regalen sieht, kann einem das Einkaufen wirklich zur Plage werden. Das Wort *Lebens*mittel findet man heute in der einschlägigen (medizinischen) Fachliteratur übrigens kaum noch; man bevorzugt das Wort *Nahrungs*mittel. Bis zu einem gewissen Grade ist das berechtigt; zumindest spricht es für die Forschung, daß sie (vielleicht auch nur unbewußt) um Ehrlichkeit bemüht ist. Aber Nahrungsmittel sind eben noch lange keine Lebensmittel.
Viele *Nahrungs*mittel sorgen vornehmlich dafür, daß unsere geschmacklichen Erwartungen befriedigt und unser Hunger gestillt werden. *Lebens*mittel hingegen sorgen dafür, daß unserem Körper im Interesse einer optimalen Gesundheit alle lebenswichtigen Stoffe in ausreichender Menge zugeführt werden. Darin liegt der prinzipielle Unterschied. Bedauerlicherweise leben wir in einer Zeit, in der der Mensch den gesundheitlichen Aspekt seiner Ernährung immer mehr vernachlässigt. Darin ist nicht zuletzt die heutige Lebensweise schuld. Konservendosen, Tiefkühlkost und Fertiggerichte sind an der Tagesordnung –

Hauptsache, das Essen ist schnell zubereitet und schmackhaft. Damit erschöpfen sich meist die Kriterien unserer Zeitgenossen in puncto Ernährung. Ist man aber erst einmal zu der Einsicht gelangt, daß ein Großteil der Unpäßlichkeiten und gesundheitlichen Störungen auf eine minderwertige, wenn nicht gar schädliche Ernährung zurückzuführen ist, kann man die *Nähr*mittel sehr wohl als *Heil*mittel ansehen.
In vielen Fällen können nämlich körperliche Beschwerden allein durch diätetische Maßnahmen (die im Grunde nur auf eine gesundheitsbewußte Ernährung hinauslaufen) behoben werden – allerdings nur solange sich der Betroffene richtig ernährt. Verfällt er wieder in den alten Schlendrian der abträglichen Nullachtfuffzehn-Mahlzeiten, so kehren auch die Krankheitssymptome zurück.
Es gibt Menschen, die ihre geistige Armut durch Essen, Trinken und Fröhlichsein zu kompensieren trachten. Nun, gegen das Fröhlichsein ist durchaus nicht einzuwenden, sofern es einem echten Gefühl der Freude an Erlebtem entspricht. Leider aber werden viele erst im Zuge disharmonischer Einflüsse menschlichen Denkens „fröhlich" (oder das, was sie dafür halten).

Ich möchte Ihnen hier nun einige *allgemeingültige* Richtlinien geben, wie man sich gesundheitsbewußt ernähren kann:

1. *Man esse stets mehr Basen- als Säurebildner.*
Basenbildner sind alle Obst- und Gemüsearten (möglichst roh zu verzehren). Säurebildner sind alle eiweißreichen Nahrungsmittel (vor allem tierischer Herkunft). Kohlehydratreiche Lebensmittel sind sowohl Säure- als auch Basenbildner.

2. *Man verzichte möglichst auf konservierte Kost.*
Jeder Prozeß der Haltbarmachung beeinträchtigt

stark die Qualität der Nahrungsmittel. Vor allem werden dabei Vitamine zerstört. Vielen Produkten werden außerdem noch Konservierungsmittel und Geschmacksstoffe zugesetzt. Die gesetzlichen Richtlinien stellen nur gewisse Mindestanforderungen an die Qualität der Nahrungsmittel; frei von naturfremden, wenn nicht gar schädlichen Zusätzen sind sie deshalb noch lange nicht.

3. *Man verwende ausschließlich vollwertiges Getreide.*
Schweine haben es in den Zivilisationsländern meist besser als Menschen, denn man füttert sie mit Kleie (in der sich die wertvollsten und wichtigsten Bestandteile des Korns befinden), während der Mensch sich von Weißbrot und Brötchen ernährt – und darbt. Greifen Sie daher getrost zu Vollkornbrot, ungeschältem Reis und Haferflocken, denn weißes Mehl und andere ,,verfeinerte" (sprich: denaturierte) Nahrungsmittel belasten unseren Körper nur.

4. *Man verzichte weitgehend auf Zucker und sonstige Genußmittel.*
Zucker verursacht Gärungsprozesse im Darm, wodurch wertvolle Bestandteile der Nahrung zerstört werden. Wenn Sie sich den Zucker nicht ganz entgehen lassen wollen, so verwenden Sie statt der Raffinade wenigstens den nicht ganz so schädlichen Rohrzucker. Honig dagegen ist ein ganz hochwertiges Nahrungsmittel, mit dem sich der ,,Appetit auf etwas Süßes" gut und gerne stillen läßt. Ein Löffelchen Honig im Tee ist etwas Feines!

5. *Man gare das Gemüse ohne Wasser.*
Man kann bei der Zubereitung von Gemüse gut auf Wasser verzichten, wenn man es in einer Kasserolle mit ein wenig kaltgeschlagenem Öl dämpft. Bei der herkömmlichen Art, das Gemüse in Wasser zu kochen (das dann womöglich noch weggegossen wird)

wird es ausgelaugt, und wertvolle Bestandteile gehen verloren. Irgend jemand hat von dieser Methode sogar einmal gesagt: ,,Um der Gesundheit willen sollte man seinen Teller in den Ausguß stellen."

6. *Man setze jeder Mahlzeit ein wenig Fett zu.*
Unter ,,Fett" verstehe ich vor allem kaltgeschlagene pflanzliche Öle, die sich verdauungsfördernd auswirken.

7. *Man esse nur, wenn man hungrig ist, und nicht, wenn man auf etwas Appetit hat.*
Gelüste sind etwas ganz anderes als Hunger. ,,Richtigen" Hunger gibt es bei uns (man muß eigentlich sagen leider) nicht mehr. Wir sind ja meist den lieben langen Tag über damit beschäftigt, unser Verlangen nach diesem Häppchen und jenem Imbiß zu stillen – mit dem also, was man bezeichnenderweise ,,Zwischenmahlzeit" nennt. Nach dem Essen braucht unser Verdauungssystem Ruhe zur Aufbereitung und weiteren Verarbeitung der Nahrung. Gönnen Sie sich diese Ruhe!

Zum Thema dieses Büchleins läßt sich ergänzend noch folgendes sagen: Wem seine ,,Gefühlsorgane" (Nieren, Haut und Augen) zu schaffen machen, der gehe sparsam mit Salz um. Salz aktiviert das Denken. Doch durch das Übermaß an Gefühlen werden die Gedanken ohnehin stark gefordert, so daß man auf ein Stimulans nicht unbedingt angewiesen ist. Ein wenig Salz sollte man freilich jeden Tag zu sich nehmen und zwar möglichst Seesalz.
Menschen mit Schwierigkeiten im Bereich des Gefühlslebens sollten ihren Eiweißkonsum stark einschränken und auf tierisches Eiweiß ganz verzichten. Empfehlenswert ist der Genuß von Rohkost und Obst. Das ist der ,,Entgiftung" des Körpers förderlich. Die Ernährung des Nieren-, Haut- und Augen-

patienten muß ganz auf *Reinigung* ausgerichtet sein, so daß die Organe, die das Übermaß an „seelischen Giften" zu verkraften haben, entlastet werden und Gelegenheit zur Erholung bekommen.

Meines Wissens hat der bekannte Arzt und Ernährungswissenschaftler Bircher-Benner auch ein Rezeptbuch für Nieren- und Blasenkranke herausgegeben, in dem die in seiner Züricher Klinik gemachten Erfahrungen ihren Niederschlag finden.

7. Kleines Vademecum und Schlußbetrachtung

Die diesem Büchlein zugrunde liegenden Gedankengänge stehen eigentlich im Widerspruch zu einem Vademecum im üblichen Sinne, d. h. zu einem abrufbereiten Nachschlagewerk im Sinne von: Kopfschmerzen? − diese Pillen, Halsweh? − jenes Mittel. Wer so vorgeht, beschränkt sich auf die Bekämpfung von Symptomen. Wer jedoch dauerhafte Heilerfolge anstrebt, muß sich zwangsläufig ausgiebig sowohl mit den körperlichen als auch mit den seelischen Wurzeln des Übels befassen. Das nachfolgende Vademecum will also als Übersicht über die einzelnen Erkrankungen unserer „Gefühlsorgane" und entsprechende Behandlungsmöglichkeiten verstanden sein. Ehe man sich aber für die Verwendung des einen Krautes oder des anderen Mittels entschließt, sollte man genau nachlesen, was darüber in den bisherigen Ausführungen gesagt ist. Nur so läßt sich feststellen, ob das vorgesehene Kraut bzw. Mittel im speziellen Falle angebracht ist. Nutzt man das Vademecum auf diese Weise, so kann man die Behandlung auf die Gesamtsituation abstimmen und verlegt sich nicht auf die Beseitigung von Symptomen.

Nierenerkrankungen

Schlecht funktionierende Nieren:	Goldrute (Solidago virgaurea)
	Dorniger Hauhechel (Ononis spinosa)
	Sellerie (Apium graveolens)
	Petersilie (Petroselinum sativum)
	Arnika (Arnica montana)
	Kolben-Bärlapp (Lycopodium clavatum)

Nieren- und Blasenentzündung:	Apis
	Goldrute (Solidago virgaurea)
	Dorniger Hauhechel (Ononis spinosa)
	Kamille (Matricaria chamomilla)
	Echinaforce (Dr. Vogel)
Nieren- und Blasensteine:	Färberröte (Rubia tinctorum)
	Natrium sulfuricum
	Goldrute (Solidago virgaurea)
	Dorniger Hauhechel (Ononis spinosa)
	Sellerie (Apium graveolens)
	Schlehdorn (Prunus spinosa)
Nierenblutungen: (u. a. infolge abgehender Steine)	Arnika (Arnica montana)
	Ruhrwurz (Potentilla tormentilla)
	Schlehdorn (Prunus spinosa)
Verhütung neuer Steinbildung:	Färberröte (Rubia tinctorum)
	Kolben-Bärlapp (Lycopodium clavatum)
Wasseransammlungen im Körper infolge unzureichender Nierenfunktion:	Dorniger Hauhechel (Ononis spinosa)
	Pappel (Populus)
Ödematöse Schwellungen der Beine:	(Winter-)Lindenblüten (Tilia cordata)
	Lindenblätter

Augenkrankheiten

Augenentzündung:	Augentrost (Euphrasia officinalis)
	Kamille (Matricaria chamomilla)
	Argentum nitricum
Vermindertes Sehvermögen:	frischer Möhrensaft
	Argentum metallicum
	Arnika (Arnica montana)
(Grauer) Star:	Cineraria maritima

Hauterkrankungen

Ekzeme und Akne:	Goldrute (Solidago virgaurea)
	Kalium arsenicosum
	Sulfur
	Brennessel (Urtica dioica bzw. urens)
	Johanniskraut (Hypericum perforatum)
Risse und Schrunden:	Acidum nitricum

Pubertätsbedingte Pusteln:	Brennessel (Urtica dioica bzw. urens)
Zur Unterstützung vieler Mittel kann man auf die psychische Verfassung „tröstend" einwirken mit:	Melisse (Melissa officinalis) Kamille (Matricaria chamomilla)

Zum Schluß möchte ich noch auf den Ernst der in diesem Büchlein beschriebenen Beschwerden hinweisen. Quacksalbern Sie deshalb nie lange herum! Wenn Sie sich mit den nicht-universitären Heilverfahren nicht sehr gut auskennen, sollten Sie unbedingt einen der zahlreichen Fachärzte aufsuchen, die Naturheilverfahren anwenden.

Dieses Büchlein erhebt keinen Anspruch auf Vollständigkeit, es vermittelt Ihnen aber einen Einblick in das, was heute glücklicherweise wieder mehr gewürdigt wird, die heilenden Kräfte der Natur.

Stellen Sie Naturheilverfahren nie der allopathischen Therapie gegenüber! Polarisieren Sie also nicht, sondern versuchen Sie, ein Zusammenwirken zu erreichen. Ihr (allopathisch eingestellter) Arzt wird vielleicht seine Bedenken äußern, wenn Sie mit ihm über das sprechen, was Sie beschäftigt. Das sollte Sie aber nicht von einem „Spiel mit offenen Karten" abhalten. Wenn er nämlich sieht, daß Sie selbst gesund werden wollen – vor allem indem Sie mit Ihrem Ringen um Gesundheit an der eigentlichen Wurzel des Übels ansetzen, kann er darüber nur froh sein; und gleichzeitig bekommt er eine positivere Einstellung zu den Naturheilverfahren.

Abschließend möchte ich noch eine Übersicht über charakteristische Eigenschaften, Blütezeit, Sammelzeit und verwendbare Teile der in diesem Büchlein besprochenen Pflanzen geben:

Goldrute (Solidago virgaurea)
(Auch Solidago virga aurea, Heidnisch Wundkraut)
Goldrute ist eine überdauernde Pflanze, die bis zu einem Meter hoch werden kann. Die rötlichen Stengel sind kantig und unbehaart. Die gelben Blüten stehen in einer meist reich verzweigten Rispe.
Blütezeit: Juni bis September
Sammelzeit: Juli und August
Verwendbare Teile: obere Stengelteile einschließlich der Blüten

Dorniger Hauhechel (Ononis spinosa)
(Auch Hechel-, Stachel-, Esels- und Harnkraut, Ochsenbrech, Weiberkrieg)
Es handelt sich dabei um eine überdauernde Pflanze, die 30–60 cm hoch wird und rosa Blüten trägt. Die Zweige laufen in Dornen aus. Die Pflanze hat einen charakteristischen (unangenehmen) Geruch.
Blütezeit: Juni bis September
Sammelzeit: während der Blüte und im Herbst
Verwendbare Teile: Wurzel und getrocknetes Kraut (Stengel, Blätter, Blüten)

Brennessel (Urtica dioica bzw. urens)
(Auch Haar-, Scharf- oder Tausendnessel)
Die Brennessel ist ein bekanntes Unkraut, das in zwei Varianten vorkommt, der Großen Brennessel (U. dioica) und der Kleinen Brennessel (U. urens), die offenbar wirksamer ist als ihre große Schwester.
Blütezeit: Mitte März bis September
Sammelzeit: während der Blüte
Verwendbare Teile: das ganze Kraut

Kamille (Marticaria chamomilla)
(Auch Echte Kamille, Chamomilla officinalis, Chrysanthemum chamomilla, Feld-Kamille, Mutter-, bzw. Matronenkraut, Mägdeblume)
Es gibt viele Kamillenarten; und man braucht zur Bestimmung der Echten Kamille schon gute Fachkenntnisse. Die zungenförmigen weißen Blütenblätter sind zurückgeschlagen, das goldgelbe Innere steht frei.
Blütezeit: Juni und Juli
Sammelzeit: während des Monats Juli
Verwendbare Teile: die getrockneten Blüten

Sellerie (Apium graveolens)
Hinlänglich bekannte Gemüse- und Würzpflanze. Man verwendet davon ausschließlich Blätter und Stiele, die während der ganzen Vegetationszeit gepflückt werden können.

Petersilie (Petroselinum sativum bzw. crispum)
Hinlänglich bekanntes Würzkraut, von dem man während der Vegetationszeit Blätter und Stiele pflückt.

Augentrost (Euphrasia officinalis)
Augentrost ist eine einjährige Pflanze mit weißen ungestielten Blüten, die sich zu Kapselfrüchten entwikkeln.
Blütezeit: Juni bis Mitte September
Sammelzeit: Juli und August
Verwendbare Teile: Blüten, Blätter, Stengel

Arnica (Arnica montana)
(Auch Doronicum montanum, Wohlverleih, Bergwohlverleih, Wolferley, Fall-, Verfang-, St.-Luziansoder Engelkraut, Stichwurzel, Johannis- und Bergdotterblume.
Arnika ist ein überdauerndes Kraut, das bis zu 50 cm hoch werden kann. Die Blätter bilden eine Bodenro-

sette, aus deren Mitte die Stengel mit ihren dunkeldottergelben Blüten emporwachsen. Arnika zählt zu den geschützten Pflanzen, die nicht gepflückt werden dürfen.

Kolben-Bärlapp (Lycopodium clavatum)
Kolben-Bärlapp ist ein niedriges Kraut mit kriechenden, rundlichen Ästen, das eine Sporenähre bildet. Die gelblichen (pulverartigen) Sporen heißen im Volksmund „Hexenmehl".
Blütezeit: Juli und August
Sammelzeit: Juli
Verwendbare Teile: die ganze Pflanze

Schlehdorn (Prunus spinosa)
Schlehdorn ist ein sich stark verzweigender Strauch mit weißen Blüten. Die blauschwarzen Früchte haben einen Durchmesser von ca. 1 cm.
Blütezeit: April und Mai
Sammelzeit: während der Blüte
Verwendbare Teile: Blüten und Blätter

(Winter-)Lindenblüten (Tilia cordata)
Die Lindenblüten pflückt man im allgemeinen im April und Mai.

Melisse (Melissa officinalis)
(Auch Zitronenmelisse)
Melisse ist ein 60–80 cm Höhe erreichendes Kraut mit ei- oder herzförmigen dunkelgrünen Blättern und weißen Blüten, das nach Zitrone riecht.
Blütezeit: Juli und August
Sammelzeit: vor der Blüte
Verwendbare Teile: Blätter und Stengel